それ、捨ててみよう しんどい自分を変える「手放す」仕事術

不懂得放手 你就等著累死自己

擺脫埋頭苦幹 終止任勞任怨

讓你擺脫盲目努力的社畜人生

著 張秀慧 譯

前言

你會因為主管或是顧客的一句話就被影響嗎？

因為對工作有太多堅持與講究所以總是做不完，然後就必須經常加班。

明明知道「想太多也沒用」但還是無法不去多想。

很認真在工作卻看不到成果，得不到好的評價。

有過這些經歷的各位，是不是曾經想過「這是為什麼」以及「應該怎麼辦呢」。

發生這些狀況的原因，大部分都是因為想太多了。透過本書，我想向各位讀者坦白一件事，那就是其實我也曾有過輾轉難眠的時候。

不過在開始說明事情的來龍去脈之前，先來介紹一下我自己。

大家好，我是伊庭正康。目前是一名企業研修講師，每年至少會參加兩百場以上企業舉辦的研習會，而在這之前，則是從事業務方面的工作。

在剛投入職場時，面對工作就只知道埋頭苦幹，任勞任怨，經常在加班。但即便如此，工作還是做不完。現在回想起來，那個時候應該是在細枝末微之處投入了太多的精神，所以才會發生累得半死但事情還是做不完的情形吧。譬如說，曾經對資料中的某部分內容太過鑽牛角尖，便花了很多時間去修改。又或者會因為廠商或主管的一句話而胡思亂想。

但最後的結果如何呢？身體當然發出了警訊。就算睡了整整一個晚上，隔天還是累到不行。就這樣疲勞感不斷地堆積，對工作只剩下了無力感。但每天心裡還是掛念著「要繼續加油……」。要是再這樣持續下去，說不定就會開始出現「要是繼續以這種方式工作下去的話，過沒多久身體一定會垮掉」的想法。

這個時候，主管跟我說。

「加班就只是自我滿足而已，減少要做的事情反而能看到成果。」

蛤？加班只是自我滿足？明明這麼努力？而且不花太多時間反而能提高成效？我完全不懂他的意思。內心甚至感到忿忿不平。

但在重新審視自己的行為之後，不知道為什麼，發現自己好像老是忙得團團轉。

這些行為像是：

- 連覺得「可能會徒勞無功」的事情都很努力。
- 沒有辦法拒絕顧客的拜託，以至於承擔了很多的工作。
- 不知道什麼才是重要的，每一件事情都會去參與。

換句話說，就是自己給自己增加了多餘的工作自己將自己逼入了絕境。

於是狠下心來捨棄掉這些做法與想法。

- 做了可能會徒勞無功的事情就不要勉強去做。
- 不要承擔多餘的工作。先決定好優先順序，不須立刻去做的事情就先放著。
- 重要事情之外的事情就不去做。

當然，認真努力是很重要。但每一件事情都去努力的話，既沒有效率而且到頭來可能會一場空。

對結果不會有任何影響的事情就乾脆捨棄吧！

把精神放在確認「不要做什麼」的這一件事情上。這就跟使用電鑽鑽洞的時候，只要把力量集中在一個點上，那麼再怎麼厚的木板都能夠穿透的意思一樣。

這麼一來，不但不需要加班，而且還會被表揚是一位優秀業務員。從經常加班變成經常被表揚，工作的狀況大為好轉。

因為不必加班所以身體也能夠好好休息，而且也有比較多的時間可以做自己喜歡的事，人生變得更輕鬆。

只要拋開那些會讓你白費力氣的事，就能擁有更多時間以及獲得更好的成果。

「可是不曉得哪些是沒用的，哪些是重要的？」

我想應該有人會有這樣的煩惱吧。相信這本書應該能幫你找到答案。

這本書會以淺顯易懂的方式，告訴你應該捨棄的以及必須要做的事。所有方法都是我親身經歷之後所學習到的。

因為也曾被一些做了也是白費力氣的事情牽著鼻子走，所以才希望透過自身經歷讓各位不會跟我一樣。

在開始努力之前，懂得捨棄是非常重要的。盡可能減少做了也是徒勞無功的事，讓應該要做的事情更單純。

本書將毫無保留的介紹有助於達成的方法。從比較可能做到的內容開始讀起也可以，相信在每次翻閱書本時，會慢慢找到自己「應該捨棄的」，並且發現「應該要做的」。這樣就不會再有「感到精疲力竭」的想法了吧！

請務必實際體驗這些方法所帶來的效果。

目錄

第2章 別拘泥在「無法看到成果的方法」上

第3章　別依賴「幹勁」

第4章　不要害怕「失誤」

第5章 消除「壓力」

結語

第1章

「無法放下的人」所做的事

總是瞎忙的人之共同點

可以發現有不少人因為「明明就很努力但事情卻不如想像中順利」的情況而煩惱。

從旁人的角度來看，確實看得出那個人真的很努力。但即便如此，還是無法獲得應有的結果，而一直都只是空有幹勁。

這些老是在瞎忙的人其實有幾個共通點，那就是：

- 對事物相當堅持
- 但不知道對方真正想要的是什麼
- 所以只會按照自己規則採取行動

之前曾經發生過這樣的事。

負責業務的人請隸屬於企劃部門的A先生提出一份企劃書。A先生為了要「展現自己的實力」，充滿幹勁加班了好幾天，完成了一份連細節都十分講究的企劃書。心想「全部需要的內容都寫在裡面了，相信業務部門的人一定會很高興」而將企劃書提交出去了，但是……。

業務部門的人看完此份報告後，「企劃書這麼厚一本，又重又不方便攜帶。而且根本不知道要從哪一個部分開始看……」露出非常困擾的樣子。

先靜下心來想想，如果是站在使用者的立場，當然不想拿著好幾本、好幾十頁的企劃書到處走。

而且談生意，最慢必須要在一個小時以內結束，根本不可能會有讓你像看圖說故事般，邊翻企劃書邊慢慢說明的時間。

對使用者來說，企劃書頂多只能三頁。而且為了讓在這方面不熟悉的人也能將重點傳達給對方知道，就需要作出一份簡單易懂的資料。

A先生說「這都是因為我太笨了」。

但其實並非如此。對任何人都沒有好處的「講究」，就只是忽略掉對方需求的一份堅持而已。

不想瞎忙的話，那麼設身處地想想對方的需求，就是絕對要遵守的規則了。

放下對任何人都沒有好處的「自我講究」

只有狠下心「捨棄」才能得到結果

經常會有一些像是「我會努力！」或是「明明就這麼地努力……」等，使用「努力」的句子。

那「努力」原本的意思是什麼呢？

在二十五歲之前，我認為努力就是做很多事，工作量越大越好。也就是認為「不顧一切做事＝努力」。

但現在我卻有了不同的看法。

繼續為了不會有任何結果的事情而努力，對自己來說只會是一種風險，而對公司來說則是一項成本。

工作時，要先想想對方期望得到什麼，千萬不要這也想做，那也想做。並且要從成效來反推，找出應該採取的行動。當成果不如預期時，果斷地捨棄現行的方法，然後重新考慮其他方法。

「都做到這裡了，現在放棄的話不就全部白費。」

「只要再努力一下，說不定會有轉機……。」

聽說人類對於「不想要失去的慾望」，會比「期待能獲利的慾望」，要有強兩倍的念頭（展望理論）。因此，自然會產生這種類似留戀的心情。

但如果是一些已經持續了一段時間卻沒有明顯成效的事物，那麼即使繼續堅持下去，通常也不會看到成果。

請盡早放下或是改變。乾脆、不拖泥帶水是很重要的。我們要知道，並不是所有事情都值得努力去做，最重要的是要把應該做的事情先篩選出來。

「感到撐不下去的時候，
就放下「不會有結果的事」吧！」

「放下」的時機

雖然說「不會有結果的事情就放下吧」，但在放下之前，究竟應該要堅持多久呢？

最不好的情況是，只嘗試做了兩、三天就因為「好像沒太大反應」而本能地放棄。因為時間太過短暫，自然很難看到成效。如果方法沒有經過一定時間的驗證是不會知道有沒有效果的，因此擁有某種程度的堅持是很重要的。

話雖如此，沒有盡頭地持續下去也不是個好辦法。我覺得大概能以在超過目標期限一半的時候，是否有完成接近一半的成果來作為判斷標準。

譬如說是一個月內必須完成的目標，那麼經過了兩個星期之後就要評估一下成效。要是結果不如預期，且認為按照現有方式再繼續進行下去還是無法達成目標的話，就要盡快設法改變。

在業務方面，可以分成連續好幾年或好幾個月就能達成目標的人，以及業績不太穩定的人。如果是持續達成目標的人，要是遇到完全看不到結果的情形時，只要判斷「使用這份名單來跑業務是沒有意義的」，就會果斷地不再依賴那份名單，然後去進行其他準備好的方案。

但業績不穩定的人，則是具有雖感到不安但還是繼續使用同樣方法的傾向。

以超過期限的一半為界線，客觀地去評估數據。要是覺得「繼續下去好像也無法達成目標」的話，請果斷地換個方式去思考下一個方法。這是成為能真正拿出成果的人的條件。

「超過「一半」就必須決定是否該捨棄」

煩惱之前先抄襲

前面我們提過「要儘早改變」，但可能有許多人「不知道應該怎麼去改變」吧！

就我的經驗來說，不妨去參考「能順利轉換、改變的人」的作法，講得更明白一點，就是建議去模仿他們。

在還是新人的時期，主管指示我「這整個地區的客戶都要親自登門拜訪」。

雖然從主管那裡學到了「推銷啤酒要從負責人開始拜訪」、「被拒絕時的應對方式」等，但是按照主管的建議來執行，卻完全沒有用。

這個時候我是怎麼做的？

我果斷地將這些方法捨棄了。

或許主管使用這些方法可以得到成果，但是這些方法不適合我，因為時代跟顧客都有了改變，從沒有做出成果這一點就可以證明，就算是主管耳提面命的指示，慎重篩選方法還是非常重要的。

我立刻向有拿到好業績的同事請教，此時我有了「作法怎麼差這麼多呀」的深刻體會。原來能夠做出成果的方法，竟然跟到目前為止我所採用的作法相差這麼多。

於是將自認為「這樣做應該很好」的方法斷然放棄，然後照著能夠提高績效的人所教的新方法來做。你猜結果如何？不到一個月就看到了成果，一下子就爬到頂峰。有「只不過稍微換個作法，結果竟然有此改變」這樣的發展，讓我也嚇了一跳。

要是一直照著主管的指示做的話，我想下一個月也絕對會因為無法達成目標而懊惱的。

當然，也會有不需要全部改變的情形。這個時候，可以嘗試在自己的作法上稍微加點什麼。就像在菜餚裡「添加」了別的調味料，整道菜的味道就會不同，變得好吃。

行不通的地方就別太拘泥，選擇覺得好的方法，要知道先改變先贏。

聽說日語中「學習（Manabu）」的語源是根據「模仿（Manebu）」而來。有時間去煩惱不如現在馬上去研究「成功的人」的作法，然後學起來。這是學習者應有的基本態度。

「累到做不下去時，
就去模仿成功的人！」

別再繼續做「別人要你做的事」

能做出成果的人跟無法做出成果的人之間的差異，其中一項就是對「認真」所下的定義不同。

譬如，當主管說「拿著這份客戶名單去打一百通電話推銷業務」。在一開始，任何人都會乖乖地去打電話吧，但這種作法應該很難談成業務。接下來，會有成果以及不會有成果的人的做法就會出現差異。

剛剛已經提過，拿不出成果的人會這樣想「好難提高業績喔⋯⋯」。不過因為是主管要我做的，不做也不行」，然後繼續「認真」地打電話推銷業務。

而另一方面，有辦法拿出成果的人會去想「這麼做沒有用的話，那就必須改變方式了」，於是向主管提出建議。

他們會去詢問主管，「我照著做了，但這個方法做不出結果。我想試試其他的方法，不知道可不可以做看看呢」。

不論是自己還是主管，「想要做出結果」的這個想法都是相同的。這樣的話，就朝著這個目標「認真」投入。

但應該也有主管會說「這可不行，現在大家都是用這個方式在做的，所以……」之類的話吧。但即使是這樣，為了達成目的還是要堅持自己的想法。

「因為有人使用其他方法做出了成績，所以很值得一試。要是依照目前的辦法繼續做下去，目標是很難達成的。一次就好，讓我做個小實驗」，繼續提出想法，然後試著去拜託主管。

「想做個小實驗」是關鍵字。

或許你會覺得疑惑，但只要加了這句話，主管會比較容易接受。然後再試著加上「如果行不通就馬上換回原來的方法」這句話（就算心裡想「絕對不可能再用原本的方法」也要這樣說）。

下面是我在跑業務時所發生的事。當時因為找新客戶的工作不是太順利，所以考慮採用將手寫的廣告單投遞進信箱的這個方法。於是我開始製作廣告單範本，然後直接向主管提出「廣告單的內容想這樣寫」的想法。因為我覺得，有人情味的廣告單能夠跟其他廣告單做出區別。

但非常可惜的是，寫的字實在太醜了。果然不出所料，主管跟我說「在做法上下工夫是很不錯啦，只是這個手寫字實在……。可能會損害到公司名聲」。

這個時候，我心裡是這樣想的，「字的確寫得很醜。當然字寫得漂亮會比較好，不過字醜並不會產生致命性的影響。會損害到公司名聲並不是出自於公司的判斷，而是主管的主觀看法而已」。

於是我向主管表示「雖然知道印刷出來的廣告單會很漂亮，但手寫的還是比較好。就像寫信一樣！可不可以在不會產生風險的範圍內，讓我做個小實驗呢？」

「知道了，那就試試看吧」主管終於同意了。

結果，手寫廣告單非常受到客戶喜愛，讓銷售額大大提高。醜字反而讓人覺得「很有味道」。

或許我沒有按照主管說的方式去做，但為了達成目標就必須改變方法設法去努力達成。我想這才是「認真」的真正含意吧！

因此，發現無法達成目標時，就請果斷地改變手段。即使跟主管所指示的方法不同。

能拿出成果的人，大家都是這樣做的。

不順利時可反覆嘗試

「小實驗」

捨棄「合乎情理」的想法

做事情都很順利的人，我想應該都很懂得捨棄某些事情。

其中就包括了捨棄「合乎情理」，而這也就是要放下「過度的責任感」。

像是「為了合乎情理而遞出辭呈」，以及最離譜的就是「為了合乎情理而自殺」的這種想法都是需要捨棄的。另外雖沒有那麼誇張，但日常生活還是有可能會發生類似的事，同樣也需要注意。

之前就曾發生過這樣的事。

主管對要前往店家收取貨款的B先生說「一定要讓店家準時付款」，而B先生回答「知道了，絕對會把貨款收回來」之後，便信心滿滿地外出了。

那天的半夜兩點，主管接到了一通電話，是B先生打來的。

主管問「這麼晚了，你在哪裡？」，B先生回「我以為店家的社長會來，所以一直在店門口等，不過實在撐不下去了。」主管說「我知道你很有熱誠，但實在沒必要等到半夜兩點」，而B先生卻回「我覺得必須要這麼做才符合常理」。

可是主管並沒有要求B先生這麼做。如果真的沒辦法收回貨款，也應該以公司的立場思考因應的辦法。所謂的常理，只不過是B先生「自己認為的道理」而已，絕對不是其他人所要求的。

「合乎情理」這句話聽起來好像很厲害，不過有些狀況的確要講求合理，但也有某些時候是不合理也沒關係的。而B先生的狀況則是「不合理也沒關係」。他的做法不但會讓自己身處危險，對公司而言也會帶來成本。

B先生太過糾結於內心的原則，所以連沒有任何人要求的事都做了。

你做了再多，但這些事情都是別人沒有要求你做到的事，那很遺憾，不會有人稱讚你。你耗費再多的精神與體力，最後也只會換來「是在幹嘛呀」、「盡做些多餘的事」、「要是那麼閒，不如去做一些該做的事」的回應。

請將沒有人在意的，自認為應該要遵守的「常理」捨棄吧。在對方要求範圍內有彈性的採取行動是很重要的，否則就只會成為一個不知變通的人了。

「在合乎自我常理之前，
請先思考一下對方想要的。」

能夠迅速換個角度思考嗎？

「換個角度」是指迅速切換成能拿出成果的人的角度來看事情。

我們可能會對某一件事情相當地投入，但內心其實還是會隨時保持冷靜，避免因過度投入而失去理性。發現自己對眼前的事物太過認真時，就要告訴自己「不行，要冷靜下來」，然後從客觀的角度來思考。

聽過「蟲之眼」、「鳥之眼」的說法嗎。所謂的蟲之眼是指能夠貼近地面，也就是近距離的觀察。而鳥之眼則是在稍微有點距離的地方，俯瞰全體。

能夠得到好成果的人會巧妙地運用蟲之眼和鳥之眼，並且適度地壓抑自己的情緒。

譬如在組織中，因為稍微拿到好成果而洋洋得意時。「不可以這樣。就算在這種小地方拿到了好成果，但外面還有其他更厲害的人，我就只是個小角色，根本不算什麼」。只要將角度從蟲之眼切換成鳥之眼，就能夠適時地提醒自己。而如果有「或許會被輕蔑……」這種在意別人眼光的想法，或是只要稍有失敗就會出現「一切都完蛋了」的想法，或許就代表你正在用蟲之眼看待事情。

戒掉這樣的想法吧！一旦你冷靜下來，或許連「一切都完蛋」的「完蛋」究竟是什麼，或「什麼」會完蛋都不知道。

透過不斷地轉換看事情的角度，希望能一次次地紓解壓力與解決問題。

「只要從天空俯瞰，
再大的問題也會變得微不足道。」

要辭職的話，就要看準「最高價值」時機

當我們遇到不順利或是失敗的時候，應該也曾想過「離職」、「想逃走」吧！

但請先等一下。如果要離職的話，就要說服自己必須要看準「最划算的時機點」。

股票會在股價上漲時賣出對吧！離職的概念就跟股票一樣。所謂不順利的狀態，應該就是指沒有得到成果的時候吧。以股票來說，就是處於股價低的狀態。

在辭去工作後，當出現公司其他人討論「他是一個怎樣的人」時，應該不想被大家說「那個人不壞，但離開公司的方法卻不太好」吧！但這種

狀況卻很常見。既然這樣的話，不妨等到股價上漲時再賣出吧！

在業務員時期，我曾經認真思考過「離職時機」的這件事。實際上，曾經遇過因被逼入絕境而出現「乾脆辭職算了」念頭的時期，就連周遭的人也覺得「他已經被逼到走投無路了」。但那個時候我卻這麼想：「不對喔，現在離職對自己一點好處都沒有。必須要等到狀態比較好的時候」。

所謂最佳離職時機，必須要在創造出最佳業績，以及拿到最高等級的人事考核的時候決定。如果是在這樣的狀態下辭職的話，那麼離職之後，大家會對你做出「那個人真的太厲害了」的評價，以品牌行銷來說，這時候的你應該就是最佳商品。不論如何，選擇對自己最有利的做法絕對沒錯。

那是不是要想想「要花多少時間才能讓自己處於最佳狀態呢？兩年足

夠嗎？」接著就要思考「在這兩年可以做的事情有哪一些」。

把能做的事做好，就算過了兩年還是沒辦法達成，那個時候也應該會因為覺得「實在沒辦法」而放棄了。

因為覺得時間緊迫，所以當時的我根本沒時間怨天尤人。實際上，還曾被主管說「你怎麼有辦法處之泰然呢？一般人不是都會感到沮喪嗎，你就把心裡真正的想法說出來吧」。

這是因為「看的地方」早就不一樣了，我可是朝著更遠的地方看。最後狀況好轉，讓我想辭職的理由消失了。

反正都是離職，那就以最高價值的狀態離開吧。但是首先，要讓自己具備那樣的價值。

我堅信這個想法不但與「生存」有關，而且也認為這與善待自己的人生息息相關。

「逃走般的離職會造成損失，
不妨訂一個期限，
再次嘗試看看！」

神經大條與敏感的差異

我覺得能夠拿到好成果的人，似乎在某個地方神經會有點大條。他們通常會抱著這樣的想法：「要開除我就開除我吧，我無所謂。但公司沒那麼簡單就能開除我吧。既然如此就讓我做想做的事」，他們會做好最壞的打算。但其實日本是非常善待勞工的，而且十分遵守勞動法，公司沒那麼容易開除員工。

所以大部分能獲得好成果的人，不會認為自己是被公司「聘僱」的，而會覺得是「接受公司業務的委託」，我也是其中一個。要是覺得自己是被聘僱的話，那麼主從關係會讓人感到被壓迫，而業務委託則是屬於一種對等關係，就不會讓人產生壓迫的感覺。心情不但會變輕鬆，而且工作也會像是自己想做才去做的。

被主管責罵時，雖然會有「真的很討厭耶，被主管罵了。不過只要工作有做好就好了」的想法，但只要轉個念頭，「說不定哪時候這個主管會被換掉」就好了。

要是有「絕對不能被討厭」或是「風評不好就完蛋了」的想法，應該會覺得喘不過氣來吧！當你精疲力竭時，只要把「別人的看法」跟「工作能做出結果就可以」兩件事情做切割，心情應該就會變輕鬆了。

從好的方面來看，神經大條也無妨。現在的環境絕不會永不改變的。說不定主管會調動，或者是退休。而且自己也有可能調到其他部門，對吧！只要將職場關係與工作切割，相信其他人對你的看法也會有所改變。

目前所處的環境總有一天會改變的，只要給眼前狀況加上期限，那麼能看得開不再去理會的事情應該也會增加。而且說不定還會覺得一起工作的同事「雖然現在很累，但其實能一起工作也是一種緣分」，然後振作起來。

「眼前的疲累絕對不會永遠持續的」

了解自己的「市場價值」

打算離職時，如果能先了解自己的「市場價值」，那麼心態或許就會變得不一樣。要是有「除了這裡沒其他公司可去」的想法，內心就無法從容了。

過去曾因為出現了「現在的工作真的太累了，好想辭職喔……」的念頭，所以去拜訪了在職業介紹所工作的前輩，然後問他「前輩，要是我辭職的話，以我的條件在市場上會受到歡迎嗎？」

前輩回答：「伊庭，你如果是具有很多實務經驗，能夠身兼第一線與管理職的人才的話，在業界應該會很受歡迎。但如果是位居一般部長等管理職，那麼你就沒辦法發揮自己的優點了。而且在求職市場上，中階層管理職的需求是最低的。」

而且前輩還建議我，不管是現在辭職，或者是將來才辭職，最好都要先了解自己的「強項」，這一番話讓我在接下來的工作找到新的方向。姑且不論是否會離職，我透過詢問第三方客觀的意見，得到了「這樣就算離開公司也沒問題，因為接下來有地方可以去」的自信及安心感。

如果因「說不定我就只能待在這裡……」而感到精疲力竭的話，或許先了解一下自己的市場價值會有幫助。

現在有許多的求職網站，即使沒有換工作的打算也建議登錄看看。藉由回顧到目前為止的各種經歷，能客觀地了解自己的履歷。這樣做會讓自己知道「原來之前我都做過了這些事情，沒想到還蠻努力的呢」。

上求職網站，換工作並不是主要目的，而是要變得對自己的市場價值更為敏銳，相信這樣能讓你對自己更有自信。

「知道你是站在「選擇」的立場，那麼內心應該就會感到從容。」

把問題分開思考

當事情進行的不順利時，或許會覺得都是因為自己的關係，然後開始責備自己。或者應該也有過覺得自己「沒有能力」、「沒有判斷能力」而情緒低落吧。但實際上，大多情況與此無關。我們先試著把問題分開來思考看看。

到目前為此，我已經出版了超過四十本書，但是在出版第一本書之前，真的非常辛苦，根本就寫不出東西來。就算拿著企劃書到出版社，也會以「跟業務員有關的企劃是行不通的」、「看不到專業性」等等理由被打槍。

即使如此我還是不放棄，而且也沒有感到沮喪，因為我知道這不是我的錯，而是「企劃的問題」，所以「只要企劃夠好就會通過」。

有的時候會聽到「伊庭先生沒什麼個人特色呢」這樣的話，但個性跟生長環境不是想改就能改得掉的，所以我反問「那要怎麼辦才好」，於是聽到了「最好是有曾跌入谷底的遭遇。在跟你談話當中就可以知道，伊庭先生是一個很怕生的人，但即使如此，還是在業務方面有不錯的成績，所以連怕生的人都可以這麼努力了！我覺得這一點就非常有趣」的回答。因此以「怕生卻很努力的業務員」為賣點，重新寫了一份企劃書，於是第一個企劃案通過，終於有機會可以出書了。

不過……那本書完全賣不出去。

一般人可能就只會自暴自棄地想「啊～賣得不好。完全不行嘛……」，但我卻認為「這不是作者的問題，而是企劃不好」，所以後來還出席了聚集出版社編輯的派對，詢問編輯對書籍內容的感想。然後把知道的缺點，以及需要修改的地方重新整理到企劃書中，打算再次挑戰。第二本書就是這樣完成的。不過第二本書還是賣得不好。

但我還是不放棄。因為問題不是出在自己身上，而是在企劃內容，所以是能夠修正的。經過稍微的修改，重複了三次、四次的研究，出版的書籍終於賣得不錯了。之後出版社便主動找我討論接下來的出書計畫。

被拒絕、批評了好幾次也不沮喪，也未曾想過放棄，這是因為將「全都怪自己」與「企劃的問題」分開思考。問題不出在個性，而是狀況與行動，因此才會設法改變行動。

發生事情時，先將問題與自己做切割。

問題是問題，自己是自己，這樣就不會去責備已感到挫折的自己了。最重要的是，也不會再感到無謂的懊惱了，而是從「解決為目的」的角度來進行判斷。

「遇到挫折時，
不要先責怪自己。」

決定自己的「座右銘」吧！

任誰都會有情緒低落的時候，但比起提醒自己不要沮喪，更重要的應該是「能否馬上振作起來」，這就跟迷路的時候會想「回到地標」一樣。

每年我都會想一個「座右銘」來鼓勵自己。像某一年的就是「嚴以律己，寬以待人」。而這是因為發現隨著年齡的增長，對待別人變得比較嚴厲才有此座右銘。

觀察周遭其他年過四十的人，有大部分的人都太過強調自我了，這可不行。作為提醒，所以決定了這個座右銘，希望成為超級無敵體貼的人。

順帶一提，我是從二十五歲開始每年都會設定一個座右銘。二十五歲的座右銘是「思考，別停下腳步」，這是來自於某本書的「邊跑步，邊思考是很重要的」，但我不喜歡直接拿來當作座右銘的主題，所以稍微修改了一下（笑）。用這種方法決定座右銘的主題，出乎意外的容易。

我把這一句話放在電腦桌面上，所以每次打開電腦時就會看到，這樣就能時時提醒自己「要做個體貼的人」。

相信你所任職的公司一定也有類似社訓的句子吧，就跟這個一樣，在感到迷惘時能讓你振作起來的戒律。

要是覺得「做得不好」，就試著想出一個座右銘，然後就會自然地努力去「做到它」，在不知不覺中，行動跟習慣都會改變，最後你將會重獲新生的。

「決定好回去的場所，
就不會成為迷失的人。」

好的比較、壞的比較

工作的時候，難免會有「那個人做得那麼好，我卻……」或是「為什麼那個人的業績比較好？」、「他應該會比較早出人頭地……」等想法，在跟別人比較之後，心情會隨著狀況而上下起伏。

人與人之間的比較並不絕對是件壞事，只不過我認為，其實比較可以分成「好的比較」跟「壞的比較」兩種。

所謂好的比較，就是會藉由「希望能跟他一樣」、「那個人都辦得到了，我就一定也能辦到，再試試看吧」等的比較，給自己帶來能量。

而壞的比較則會因為「他可以辦到，我卻沒有辦到，真令人喪氣」或是「那個人辦到了，我卻辦不到，這實在太不公平了」等想法而灰心喪志，然後去忌妒別人。這對自己一點幫助都沒有。

每個人都具有不同的特點，以游泳比賽來說，E先生會參加蛙式項目，而我則會參加狗爬式游泳項目的比賽，不同項目的比賽硬是要去做比較，其實根本沒有意義，雖然都是游泳比賽，但我只要能在狗爬式項目中獲勝就可以了。也就是說，在同一個競爭領域只要各自發揮特長就好，根本不需要相互去較勁的。

就像是「他是課長，而我只是個普通職員」，這對公司以外的人來說，就只是角色不同而已，並沒有什麼意義。

「那個人的年收入是我的兩倍……」，這也是毫無意義的比較。在漫長的人生中，能夠展現出自我特色才是最重要的。

要是因跟別人比較而感到氣餒的話，不妨想想「他跟我是不同部門，我只要在自己部門贏過其它人就好了」，或許就能釋懷。

「別去比較！
在有把握獲勝的場所
一決勝負吧！」

成功跟失敗都非常短暫

大學剛畢業時所進的公司，有將寫了業績達標的人的姓名，做成掛旗高掛起來，在大家面前表揚的文化。看到自己的名字被高掛起來，不但會開心而且也會覺得被鼓勵。那如果沒有看到自己的名字會有什麼反應呢？心情低落？焦急？還是羨慕呢？

正確答案是，我好像不會太在意。因為這是為了讚頌達成目標的人的一場「盛宴」，是一場遊戲。「達到目標的人，恭喜你們了」、「沒有達到目標的人，請繼續加油」然後結束，如此而已。接著全部歸零，重新開始。

沒錯，不論好或壞，幾乎所有事情都不過是一場短暫的宴會，所以這次沒辦法成為宴會中備受注目的明星，那就期待在下次宴會能發光發熱。要是下一次還是辦不到，那就再等待下下次，不斷去嘗試就對了，人只要有個目標就會努力。

我進入公司的第三年，在部門內部的業績是一百二十名當中的第一百一十四名。也就是倒數第六名。

那個時候我是怎麼想的呢，大概就是「沒想到竟然會發生這種情形，不過我可不會偷懶，絕對會盡力而為的」。這不過是在各種機緣中，偶然出現的結果，並不是我真正的實力。

另外，當被委派去做討厭的工作時，會以「現在是一場宴會」的心情來看待。就算這一場宴會的時間比較長，但終究是會結束的。「哇！熱鬧過後就結束了，宴會不會持續到永遠。」一旦這麼想的話，似乎就會湧現再加把勁的動力。

如果有這樣的想法，那就不需要太鑽牛角尖，再怎麼令人感到心累的事情總會結束的，不會永遠地持續下去。做好目前能夠做的事情，肯定不會錯。

「任何盛宴終會結束，請為前往下一場盛宴做好準備。」

給目前無法改變現況的你

或許有人會因為覺得「要是在這間公司失敗的話，就沒有地方可去」，所以無法把內心想法說出口，然後會為了「雖然對現在這個職場感到不滿，卻沒勇氣去改變」而感到煩惱。我建議有此困擾的人，不妨捨棄「村人意識」。

最好能趁著年輕離開所居住的村落，到處去看看其他的村落。而這裡所指的「村落」就是自己每天生活的社交圈及公司等。

要是一直待在同樣的村落，那麼就會將村落視為自己全部的世界了。但只要願意試著離開村落，那麼說不定前往國外的船舶，或是其他居住的地方早已經準備好了。我知道要搭上這一條船還是會有些害怕的，對吧。因為不知道船將航向何處，會有誰同行，在途中會遭遇到什麼狀況。或許最後上船的，會是一個具有強烈冒險精神的人。

雖然不需要強迫自己上船，但如果可以，最好還是要去了解一下其他村落，要是有值得學習的地方就試著採納，相信生活會變得比較舒適。

不需要勉強離職，但不妨試著跟其他公司的人聊聊。藉由認識其他村落，說不定能讓你發覺現在這個村落的優點，以及了解到「要是做出這樣的改變可能會比較好」。

說不定從其他村落來看，一些不需要因為「要是跟主管說的話，會被討厭吧」而不敢說出口的事情，其實只要「商量一下」就可以。而事實上正是如此，一直站在固定的村民立場的話，觀察事物的視野會變狹窄，請注意！

但如果能從其他村落的村民角度來看，說不定會讓目前的生活方式有所提升。

「感受到喘不過氣時，試著拋開「村人意識」吧！」

第2章
別拘泥在「無法看到成果的方法」上

知道自己被要求做什麼

要是主管要求「幫我整理一下報告」時，應該怎麼做呢？

我們需要思考的是，為了讓我們不要做多餘的事，我們就需要明確知道「對方所期望的合格基準在哪裡」。

沒有什麼比得上自認為已經花了很多工夫，卻沒有獲得好評價，更加多餘的事了。

如果遇到這種情形，首先請跟主管確認下面的幾件事。其中一項就是，報告應該要有的內容，另外還有就是報告書寫的格式及張數。

請明確地詢問「有兩個部分想跟您確認一下，報告內容是將○○跟

△△以及□□，簡單扼要地整理成一張Ａ４紙，然後提交給您就可以了嗎？」只要能確實掌握對方想要的，那麼最後所完成的報告就會符合主管期待。

要是沒有事先做確認，按照自己的想法加進了許多內容，密密麻麻的寫了十五張Ａ４的報告……，就會變成前一章所介紹的「瞎忙的人」了。

先知道對方的期待，然後再按照要求完成。想要更進一步的話，連提交的方法都事先確認會更好，看是要列印出來後提交呢，還是交電子檔等。

沒有什麼要比「自認為」更加危險的了。

「沒有什麼比做多餘的事更加多餘了」

讓人覺得「很厲害！」的資料準備方法

能夠拿到好評價的資料應該是在事前，向委託者確認形式、內容與提交方法之後所完成的。只要遵守這個原則，做出的資料應該就能「符合期待」。但光是如此並不會得到「有能力」的評價。雖然不會有負評，但也不會帶來好評。

想讓對方覺得「這個人很有能力」的話，應該怎麼做呢？

不只是要「不辜負」期待，而且所完成的工作還要「超出」期待。具體來說，就是要再多做一點點（Plus alpha）。譬如，提交的時候能加上一個會讓人覺得「哦，這個數據不錯耶」的數據資料。

雖然前面已說過好幾次了，但還是要再強調一次，那就是要確實掌握對方所期待的標準。因此，要確認的不光是被委託的工作內容，也需要確認其「目的」。

前幾天，我接受了某間公司的委託。

這間公司在內部定期舉辦的研習會中，會請員工參加線上工作小組，但員工的參加率非常地低。因為是自由參加的，所以大部分都是「只有耳朵參與」。公司希望能夠將工作小組參加率從百分之二十提高至百分之八十以上，因此要我擬定一份研修通知。

要是按照對方的期待來撰寫的話，包括「日期」、「地點」、「研修內容」等的內容，大概一張紙就足夠了吧，但這就只是做到了「符合期待」。

那如果要擬定一份「超出期待」的通知函的話，應該要怎麼做呢？

首先，我會思考什麼內容會讓委託者覺得「這個不錯耶」。

委託者希望線上工作小組的參加者增加，所以我想，要是有能讓人知道「參加工作小組會給自己帶來好處」的數據是不是會有幫助。

在我搜尋相關數據時，找到了能顯示「記憶留存率」的學習金字塔數據。數據顯示只有聽課的話只能學習到百分之五，但如果能透過工作小組進行討論的話，記憶留存率就會高達百分之五十。

於是，我在前面說的研修通知加上這句話之後就提交出去了。

「有數據指出，如果不參加工作小組的話就只能學習到百分之五。另一方面，只要參加工作小組就能獲得學習到百分之五十以上的機會。兩者相差了十倍以上，從成本效益來看，肯定是參加的好處比較多。請務必來參加！」

委託者看到這句話，立刻說「就是這個」。

這句話有或沒有都沒有關係，但加上了對方會因為「就是這個」，也就是「我想要的就是這個」而感到開心。

想寫出會讓人覺得「真厲害」的資料，就要去思考被委託內容的「目的」。如此一來，就會知道添加什麼內容會讓對方開心，當然對你的評價也會提高。

只有一毫米也好，越是單純的工作越要「超出」期待！

超乎期待的遊戲必勝法

前面我們說明過符合對方期待的工作，以及超出對方期待的工作，而為了要讓對方覺得「有能力」，最好還是要經常以超出對方期待的工作為目標比較好吧。所以，我通常都是以玩遊戲的方式來進行的。

接著介紹一些具體的技巧吧！

譬如，有人來委託製作資料的時候，

「委託者想把這一份資料用在什麼地方？」

「就算用了這一份資料，事情還是有可能會進行得不順利。這個時候應該怎麼解決？」

「有什麼簡單就能解決的方法？去蒐集與此有關的資料。」諸如此類的，事先把一些可能發生的狀況設想進去。

如果能做出超乎期待的遊戲，就容易提高別人對自己的評價。那實際上，應該要如何運用這些「小聰明」呢？

關鍵就是，「想像對方可能會遇到的實際狀況」。

A公司有E先生跟F先生兩位員工。A公司的業績表現不錯，因此在培養年輕員工方面投注相當多的精力。

E先生的銷售目標是百分之一百零五，但公司的晚輩卻向主管提議，希望能以E先生作為業務學習提高銷售額的範本。

另一方面，F先生完成了百分之一百二十的銷售目標。可是卻不太照顧公司晚輩，也不願意公開銷售訣竅。

如果要從這兩個人當中選一位當上司主管的話，會選擇哪一個人呢？答案會是E先生。就如前面所說，因為A公司全心投入年輕員工的栽培。而這就是「實際狀況」。

因此對A公司來說，比起銷售業績，晚輩提出的銷售業務模範的這個建議更讓人高興。雖然F先生的業績不錯，而且人事考核也不差，但還是欠缺了點什麼。

首先要去思考，對方所追求的「成果」是什麼？然後改變自己的做法以配合對方，這一點很重要。

如果是以自我為中心的人，一旦認定「這樣做就可以了」，那麼現在可能還看不出來，但之後自己跟對方的差異一定會越來越明顯的。

對現在正用自己的方式在努力的人，我實在說不出「你現在做的事情並不是其他人所期待的」。就算是人事考核的評價不錯，但隨著時間，差異會越變越大，最後可能會變成一個「不夠完美的人」。而這通常能夠從跟主管或周遭的人的談話當中得到一些暗示。

「比起以自我為中心，事事順利的人通常會以對方為中心。」

溫和的交涉

就算有「這個是不是有點不太對」、「是不是這樣做會比較好」的想法，但對方如果是主管的話，實在很難說出口對吧！這個時候，請使用「YES, IF……法」。或許曾經有聽過「YES, BUT……法」，就是先同意然後再以「但是」來提出反對意見的方法。這個也很不錯，但因為「但是」帶有否定的意思，所以對方可能不會覺得太開心。

而「YES, IF……」聽起來就比較圓滑，完全在不加以否定的狀況下就能反駁的方法。先使用「的確是○○」之類的肯定用語，然後跟對方說「譬如像是……」，再以「但另一方面……」來說出自己的意見，最後再去詢問對方的看法。

前一陣子，曾發生過這樣的事。我收到委託舉辦研習會的公司「請幫忙設計一份適合在研習會讓業務使用的清單」的指示。公司解釋，因為去年某位講師在研習會結束之後有發放清單給學員，所以希望今年也能這麼做。但是詳細詢問之後我才知道，那份清單是為了要讓學員能夠專心待在研習會而發放的。雖然研習會本身的評價不錯，但因為我沒有使用清單的習慣，所以今年才特別委託我要設計一份。那麼我應該配合對方的要求，設計一份清單嗎？

如果今年因為設計清單而招致不滿的話，最後就會變成「伊庭先生也不過如此，明年再換其他老師吧」這樣的結果，所以我認為「這一艘船絕對不能搭」。除了這一點之外，委託者也沒有給我一個特定的研習會主題，這讓我感到猶豫。

於是我這麼說。

「您說得沒錯，專心參加研習會很重要。像這次為了讓學員能專心參加，是不是要找一個『只要這樣就會專心』的方法呢。因為想用清單讓學員專心不是太容易，所以……。可以請問一下嗎，您認為讓學員專心參加研習會的關鍵是什麼？」

這個時候所使用的「YES, IF……法」，就是先說「您說得沒錯」來表達肯定，然後再用「譬如像是○○，您覺得如何呢？」把話題丟給對方。最後再「成為『關鍵』的是什麼……」詢問對方意見。

這個時候，責任的歸屬並不明確。所以要先說清楚。

「如果製作清單能讓學員更為專心的話，我當然願意設計。但要是清單沒辦法讓我們得到想要的結果，那可能就無法達成△△先生（委託者）的目標了。我認為先釐清責任歸屬是不是會比較好呢？」

「你說得沒錯」他同意了我的看法。然後我再接著問。

「可以再跟您確認一下嗎？需要製作清單嗎？」

委託者回「這個嘛，現在我也覺得清單沒那麼重要了。我們公司內部會再進行一次討論」，最後並沒有製作清單。

其實以文法來說，「IF」並沒有「譬如好像」的意思。它的意思是「雖然」。但要是說「譬如好像」就不會有否定對方的意思，能夠確實表達自己想說的話，就像是一種言語魔法。

能夠以「我是這麼認為的」、「我想要這麼做」，從正面直接表達也是一種方法，但想要說話不帶刺的讓對方認同的話，還是建議用溫和的方法比較有用。

因為拒絕不了就概括承受的話，有時候可能會產生別人對你失去信任的風險。有很多時候，越是在被動情況下就越容易做出會吃虧的選擇。

「談判應該是「溫和的」，而不是「狂野的」。」

越想要事情順利，越需要做好因應措施

事情不順利時，是否會覺得「糟糕了」而感到焦慮，而在事情進行順利時，是否也會覺得「這下可以放心了」而內心變得從容呢？

但我反而在事情順利時會感到不安，不，應該說會出現讓自己更加不安的想法。這是因為，我認為好的狀態是不會持續太久的。

近十年，每年差不多會舉辦兩百場的企業研修，但我卻警惕自己，絕對不能以為「這十年的行程滿檔，所以覺得接下來應該也不用太擔心……」。

因為我認為「如果做的都是同一件事情，那麼總有一天委託件數會減少」，所以要想想有沒有什麼辦法可以保持現狀，我想唯有勇於嘗試「新招數」才有可能辦得到。

覺得「再這樣下去就不妙了」時所產生的能量是非常強大的。這個時候，最好不要忽略掉「試試看吧」的這個想法，因為之後會帶來的好處可是非常多的。

事事順利時，可能會聽到周圍的人說「維持現在的樣子就可以了吧」。

聽說飛機在起飛之前，都在等待逆風吹起。理由就是，比起順風，逆風所產生的氣流更易於起飛，我認為人也是一樣的。

因為狀況不錯就一直做著相同的事情，那麼效率一定會下降的。如果能預期到這一點，那麼就應該在狀況絕佳的時候，就先去思考下一個要施展的新招數。

「狀況好的時候，
先想想下一個新招數。」

拋下無謂的自尊心

得到好成果的人好像對任何事都不為所動，看起來充滿自信的樣子，但事實並非如此。

之前，有機會跟某業界有名的頂尖業務談過，他害怕達不到目標的程度可不是開玩笑的。

我說「像你這麼厲害的人應該不用這樣害怕吧」，他回我「才不是那樣呢，不過擔心害怕反而會成為我的動力」。

不管是拿不到好成果的人還是有成果的人，同樣都會感到懼怕。雖然兩者都會因為「要是拿不到好成果要怎麼辦」而感到害怕，但之後所採取的行動卻是大不相同。那麼究竟是哪裡不一樣呢？

有成果的人是不會去煩惱的，而是會去思考解決方案，然後採取行動。

而那一份動力是什麼呢？

就是「自尊心」。

得到好成果的人會有「不可以再這樣繼續下去」、「不希望輸給自己跟眼前狀況」的自尊。所以就需要想出解決之策，並且採取行動。

但另一方面，得不到好成果的人也有想維護的自尊，像是「不想被別人認定是一個沒用的傢伙」。因為「如果去問別人的時候，卻被嘲笑『連這種事都不知道嗎』的話要怎麼辦。覺得實在太丟臉人了，乾脆就自己一個人悶頭苦幹算了」而沒辦法開口請人幫忙，然後不斷地壓抑內心。

不論能否達成目標，任何人都會感到非常害怕。但千萬不要選擇逃避，應該要去思考如何克服恐懼才對。

「請重視「不想輸」給自己的那份自尊」

困惑時，就選擇比較輕鬆的

我真的很不喜歡心太累，所以會想盡辦法早點解脫，過得輕鬆一點。譬如在必須說一些難以啟齒的話的時候。要說出口時可能會感到很痛苦，但如果沉默不說的話也同樣會感到痛苦。這個時候我會這麼想。

要是測量痛苦的時間，說出口大概是一分鐘，而忍著不說則會一直痛苦下去。這樣的話，還不如趁早說出來會比較舒服。這就跟暈車時的處理方法類似。

你會「嗯，好難過喔……。不過還是忍耐一下好了。好想吐喔……。那個開慢一點。已經受不了了……」的繼續忍耐呢？還是說出「（覺得有點不舒服……）老師，我身體不太舒服，可以坐到前面的位子嗎」，然後讓你能夠到休息站休息一下。

說清楚會比較輕鬆對吧！

或許你會有「要是這麼說的話，可能會被認定是一個『不會做事的傢伙』」的想法，但這只會感到短暫的痛苦。盡早說出來的話，說不定有人會幫忙，或是給你意見等，自己就會比較輕鬆。

「想要一次把帶薪休假全部請完……」

「煩惱是不是該提出工作調動的申請……」

「這些事情可以問嗎……」

所有事情都一樣，感到困惑時，就選擇會讓你早點輕鬆的做法。

盡早開口說「拜託了」、「請告訴我」、「請幫我」、「我不會」、「不懂」等，其實不只是對自己比較好，對周遭的人也是有好處的。

「不要忍耐，
早點說出口會比較輕鬆。」

閱讀，在內心對話

書是能將我們心中模糊不確定的想法，轉化成言語的一個非常重要的東西。

譬如，在看到已故稻盛和夫先生的「樂觀的構思，悲觀的計畫，樂觀的去執行」這一句話時，發現「自己的想法是對的」。所謂「悲觀的計畫」就是指會感到害怕。表現的方式雖然不同，但其實講的就是同一件事。原本以為害怕是一件壞事，但沒想到是件好事，讓我頓時鬆了一口氣。

而且還讓我發現了從未想過的「樂觀的構思」，可以整理一下思緒。

然後書本也能讓我們了解到，自己本來所沒有的「事物的觀點」。即便同樣是以「煩惱」作為主題的書，也可能會有：由心理諮商師將克服煩惱的技巧彙整起來所寫成的書，或者是由和尚所寫，告訴我們如何紓解煩惱的書。我們能按照自己的心情選擇閱讀。

我認為，閱讀能讓我們的思考幅度更為寬廣。

藉由閱讀讓我們對從未經歷過的事情產生想像。譬如，即使沒有去過矽谷，也能按照自己的方式來解釋從書中所知道的矽谷，並且將所理解的內容產出。

現在我雖然每一個星期都會買兩、三本書閱讀，但其實小學時候閱讀過的書的數量是零。還不只如此，從小學直到高中畢業，會買來看的書就只有漫畫。

被問到「喜歡的書是什麼呢」的問題時，都會回答在學校國文課時所學過的夏目漱石的作品「心」。但其實我並不記得內容，只因為書名很好記所以才會回答它。我的生活就是這樣，跟書本一點緣分都沒有。

但是在我十八歲的時候卻有了改變。在我感到煩惱的時候，順手拿起一本心理學的書來看……內心頓時變輕鬆了。心想「沒想到書這麼棒」，之後便點燃了我對閱讀的熱情。

會看書跟不會看書的人，在思考方式與談話內容的深度應該會不同。書就像是內心的保健食品，要是遇到讓你感到困惑的事情時，只要去一趟書店，相信應該都能解決的。

「書是最物超所值的老師」

以「是否受到照顧」為基準來判斷

我不太會拒絕飯局或是聚會的邀約。有人說過「伊庭先生很好約」。但前面也曾提過，其實我有點怕生，而且很討厭參加宴會，當然也不是太喜歡飯局。可是，我卻不會拒絕。

這是為何呢？是因為我很看重這些「緣分」。是否參加最主要是取決於是否有受到對方「照顧」。對方如果是對我多方照顧的人，那為了要讓他高興，或許會無意識的「以他人為中心」思考。

參加宴會也是同樣情形，譬如曾經共事過一次的人提出了「這個可以麻煩你嗎」的請求，通常我也是會回「沒問題」。但如果對初次見面的人也答應的這麼乾脆的話，可能就會被認為是一個濫好人了。在我心中「有沒有受到照顧」是很重要的判斷基準。

母親曾告訴過我，看重緣分的人自然會吸引朋友靠近。

母親經營一間小咖啡廳，不知道為什麼，店裡總是高朋滿座，非常地熱鬧。不論是住在附近的家庭主婦，還是大公司的經營者都會到店裡光顧，甚至也有來自遠方的客人。當時還是小孩的我，經常會想「這麼小的一間店，怎麼還會有客人特地從那麼遠的地方來」感到非常地不可思議。

母親並沒有做什麼特別的事，就只是認真做好眼前應該做的事而已。但是在跟母親聊天時可以感受到「希望客人能吃到好吃的食物」、「希望客人在這裡能輕鬆地聊天」、「希望客人能夠開心」的心意。

所以連蛋包飯的份量也是多到讓客人覺得「這也太多了吧」。而且點咖啡還會附上「豆菓子（小包花生等鹹零嘴）」，在名古屋喝咖啡時會附上豆菓子，不過我住的關西地區並沒這個習慣。我問她「為什麼要附豆菓了呢」，母親回「因為這個豆菓子好吃，所以請客人嚐嚐」，非常簡單的答案。

母親經常說「不是所有客人都是為了要喝杯咖啡才來的，如果單純只是喝咖啡的話，也可以去別的店，都是因為『想來看看我』或『想跟我聊天』。所以會希望對這些人好，盡可能地去報答」。豆菓子就是母親表達報答的方式。

「情感上互惠」是很有名的心理學理論。意思是指當接收到對方的善意時，也會做出善意的回應，否則就會感到有所虧欠，這是一個為了維持人類關係平衡的一種法則。從母親的做法讓我了解到，重視別人給予的恩惠是讓自己的人生變得更加豐富的條件。

「想要成功就要看重別人給予的恩惠而非得失」

在意別人眼光的時候

或許偶爾會有「那個人對我有什麼想法」、「擔心他是怎麼看我的……」的想法。這個時候只要去想「我又不需要求他給我口飯吃」就好了。

而且母親也曾經跟我這樣說過。

大概是在我二十七歲左右，當時的主管跟我說「難道不想用全世界最安全的車子來保護妻子嗎」，我回說「二十七歲的普通上班族有辦法開賓士嗎」，主管說「哎呀，要不要試試看？我的賓士借你開一個星期」。

原來主管是希望我能夠把他原本開的 Mercedes-Benz 買下來。總之先借了一個星期，而就如我預期的，家裡車庫停了臺賓士引來鄰居的關切。

「那是伊庭先生的車子嗎？」

「不是，是主管的。」

「主管錢賺很多齁～」

「嗯～這個我也不清楚！」

雖然早就知道會遇到這樣的狀況……但從體不體面來看，賓士確實是好車，雖然我覺得自己不可能會買來開。

有一次因為有事回老家，剛好跟母親提到賓士車這件事。本以為母親會說「年輕上班族開這麼好的車可是會遭報應的」。

沒想到她卻說：「想開看看賓士有什麼關係」。

我回她：「可是別人會怎麼看，而且真的有被鄰居說三道四」，但母親卻說：「所謂的別人，到底指的是誰呀？」

然後又再繼續說：「反正又不是要讓鄰居賞你口飯吃，要是什麼事情都在意的話，那還能做什麼？」

的確，要是我是拿著鄰居給的零用錢過活的話，或許就不應該這麼奢侈，但現實狀況跟他們一點關係都沒有。對鄰居而言，根本就不會在乎我是不是開得起賓士。

在那之後，我將這句話的意思融會貫通，並換成自己的語言，深刻印入腦海中。

別人（社會上）怎麼想？當然很重要，卻沒必要因此而畏縮。這是因為我們不是拿著那個人（社會）給的零用錢來過活的。

如果能夠這麼想，是不是就會認為不必過度在乎別人的眼光呢？

「又不是別人給我們飯吃的，所以沒關係。」

第3章
別依賴「幹勁」

讓人能更快振作起精神的「U字曲線」

當人遇到令人討厭的事情而感到沮喪時，情緒可能會跌落到谷底吧，這個時候「U型曲線」理論或許能派上用場。

人的心情通常會呈現「U」型變化，U的上面部分表示心情處在高亢的狀態，而U的下面部分則是心情處在低落的狀態。

譬如，當因為被顧客找麻煩而感到牛氣時。

「啊，闖禍了」、「真的好難過喔……」這些想法湧上心頭，情緒會像溜滑梯一般從U字左側迅速下降。有時候在下降至谷底後會停止，這時我們會用「多想也沒用」、「仔細想想，不是我能力有問題，而是做法的問題」等說法來安慰自己。

接下來，我們會去思考「那應該要採取什麼做法會比較好呢」，尋求解決的方法。於是U字曲線會慢慢往右側升高，內心產生「原來如此，或許是因為一個人做才會失誤的，這樣的話請其他人協助應該就可以了吧？跟H先生商量看看」的想法，並且試著採取實際行動。然後，在得到H先生的幫助後，在兩個人合作之下錯誤果然就沒有再發生了。這樣的結果，會讓我們心想「似乎行得通耶」，此時心情就會往U字右上升高。

人的感情變化就像U字形，而這就跟MIT（麻省理工學院）的奧圖・夏默（C. Otto Scharmer）所提倡「U理論」的構想一樣，都是希望能從變革之後帶來的混沌逃脫，並且進而提升自己，最終達到一個全新的境界，而這整個過程在最後就會呈現一個U字型。只要能夠了解到這一點，就算遇到令人震驚或是討厭的事情，心情也能夠保持平靜。

當我們心情低落時，你可能會察覺到「我現在非常地沮喪，是處在U

的左下部分。要是我能賦予此狀況某種意義的話，心情應該就會變好的，所以不必太擔憂」。

因為人事調動的關係，我曾被派回到自己不太喜歡的部門。就算跟上面的人提出「那個部門之前也待過，真的很不想再回去」的申訴，也沒有得到任何正面的回應，我還因為懷疑「難道是我能力太差了」，或者「被公司嫌棄」，而感到沮喪，甚至還想過「乾脆辭職算了」。

那個時候，我想起了U型曲線。「對了，只要能賦予這個狀況某種意義，心情應該就會慢慢變好的」。

之後便開始去思考「這次的人事調動具有什麼樣的意義呢」。「儘管是之前就做過的工作，但說不定這次會有不錯的經歷。即使這次的人事調動很無趣，但要是在那個部門能做得有聲有色，說不定會讓自己擁有強大的力量。乾脆去試試看好了，搞不好會有不錯的結果」。

然後因為有了「試著將個人因素與工作分開來思考，這樣就算原本的能力不是太強，也會願意在工作上嘗試各種不同的作法」的想法，所以在工作方面不斷冒出好的點子。在與主管商量並得到他的理解之後，事情就進行得比較順利了。雖然是之前待過的部門，但在那裡工作的狀況卻跟過去完全不同，朝著積極的方向前進。

因此，當你感到失落、痛苦的時候，請想想U字形吧，並且客觀地去確認自己目前位於U型的哪一個位置。

這樣的做法不但能讓我們清楚知道，心情不會一直處於低落的狀態，一定會變好的，而且也會幫助我們去思考「這種現象具有什麼樣的意義呢」，那麼接下來，行動與點子自然會就產生。

「感到痛苦時，
便是除去偽裝的最佳機會。」

換個角度俯瞰——重新建構（Reframing）

剛剛介紹過了U型曲線，接下來要介紹能讓U字底部變淺，也就是讓低落的心情能早點恢復的方法，此方法稱為「重新建構（Reframing）」。主要的內容是要我們試著換個角度去俯瞰事情的全貌，不要只是以一種方法來解釋，而是設法想出三個或四個其他的解釋。

當人們面臨失敗的時候，常會因為「啊，沒救了……」而感到沮喪、懊惱，心情低落好長一段時間，甚至困在某個負面思考中走不出來，然而這種情形，我們可以藉由找到其他切入點讓自己擺脫這種情況。

有三個切入點有助於找出各種不同的觀點，第一個是「真的是那樣嗎」、「沒有其他的嗎」，而第二個則是「從旁觀察的狀況是怎樣的」，第三是「從未來自己的角度來看是怎樣的」。

一、「真的是那樣嗎」、「沒有其他的方法嗎」

在工作不順利或是商品賣不出去時，有些人可能會出現「應該是自己能力不夠」、「不適合做這份工作」想法，這時候就請你試著想一想「真的是那樣嗎」。

當你陷入困境時，請先靜下心來，想一想真的是因為能力不足商品才賣不出去的嗎？其實說不定不是能力有問題，只是沒有採取行動，又或者是因為沒有比別人花更多工夫而已。在尋找其他理由的時候，你應該要開始思考「難道沒有其他可以做的事情嗎」。當感到迷惘困惑時，可以試著找人商量，看看是否有其他只要再下點工夫就可以成功的方法。

若能夠從「真的是那樣嗎」、「沒有其他的方法嗎」的角度來思考，結果將會有很大的不同。

二、「從旁觀察的狀況是怎樣的」

第二項就是去假設「其他人對這種狀況是怎麼想的」。

在工作上遇到非常難過的事情時，曾經找過某位前輩商量：「前輩，我在公司發生了這些事情，真的很難過。前輩你有什麼看法」。

當前輩緩緩地說「那算不了什麼」時，我心裡深深地感到受傷，然後他繼續說「伊庭，我跟你說。你的悲劇對其他人來說可是喜劇」。

這句話又深深刺傷了我。原來在其他人的眼中，現在我所承受的失落只不過是一個茶餘飯後的笑話而已，根本不值得一提。

有些事情在別人眼中可能不算什麼大事。了解現實狀況想通這一點之後，心裡倒是輕鬆了不少。雖然後來才知道這一句是喜劇泰斗查理．卓別林的名言，這句話真的很有道理。它教會了我，因為從別人的眼光來看，我自己覺得難受的事情，說不定反而是一次值得學習「不錯的經驗」。

三、「從未來自己的角度來看是怎樣的」

第三項就是，未來的自己是如何看待的？如果我現在是三十五歲、三十六、三十七、四十八、三十九、四十……五十歲的話，把希望未來自己可以變成怎樣的理想型寫出來。然後再去思考，那個年齡的自己會以什麼樣的眼光來看現在的我。

譬如五十歲的自己，在看到三十五歲深陷痛苦的我的時候，究竟會開口說些什麼呢？是「真的很努力了」還是「這些都會變成難得的經歷」呢？請試著變成人生的前輩，從未來看看現在的自己吧！

不論如何，如果能從各種不同角度來看待自己，應該就不會感到沮喪了，甚至會對自己產生正向影響吧！每當感到迷惘時，我經常這麼做，這會讓我覺得現在的自己是很可愛的。

「要小心，讓你感到懷疑的
問題其實根本就不算什麼。」

聽聽別人說的話

一般人在感到難過時，通常都會自己默默地承受，但我建議，這個時候最好能聽聽其他人的意見。

世界上最不了解自己的通常會是自己，而且也會很難意識到自己目前處於何種狀況，大部分都是周遭的人最先注意到你現在正感到迷惑及焦慮。而這就像是別人說的話，如當頭棒喝般突然讓你覺醒，或者是恍然大悟的情形。

這個時候，請拋開自尊心，不要擔心「要是開口問這種事會很難看」或者「不能夠讓別人發現我的弱點」等的想法吧！

然後，如果你有小孩的話，也可以試著問孩子的意見。說不定會聽到他們意想不到的回答，或是孩子們會說出令人吃驚的話。

當我因為挫折而感到難過時，雖然會找父母親、妻子或是公司前輩商量，但我覺得孩子們單純的想法卻更能直接切中要點。

於是我開口問當時六歲的孩子「我想要離開現在的公司，然後自己開一家公司，不過因為還有家人要照顧所以有點猶豫……」，他是這麼回答我的。

「那不是很好嗎，現在可以一邊當上班族領薪水，然後邊去做開公司的準備。」

孩子說得沒錯，這個回答簡單到令人吃驚，最後他還補上一句「我也會認真準備考試的，所以爸爸也要加油喔」，讓我備受感動與激勵，幸好有問小孩。

考慮再三之後，我對老婆說「乾脆辭去工作，自己開一家超商好了。要是能發揮優勢相信可以賺到錢的」。但她卻回我說「我不懂為什麼你會有這個想法，是不是迷失了方向」。她繼續說「如果是本來就想開超商的話那倒沒關係，但我從來沒有聽你說過想『開超商』，你絕對不可以因為眼前的狀況而感到迷惘。你原本最想做的事情是什麼？」

我回說「開一家負責舉辦研修的公司」，老婆便說「這跟開超商也差太多了吧，那現在不就應該要開始進行開公司的準備了」。

我心想「真的應該要這樣……」當我回過神之後，超商計畫頓時煙消雲散。

遇到讓你困惑的事情時，不妨詢問其他人的意見。不是去問那種只會一味否定的人，而是能夠客觀地聽取你想法的人，那麼不管是朋友還是同事應該都可以的。最重要的就是不要自己想太多。

「比起自己，周遭的人更容易
發現你的迷惘與焦慮。」

以「If-then」的方式，讓行動更加順利

能事先決定「在這種時候就應該要這樣做」，那就可以毫無顧慮地採取行動，提高行動力。

此技巧是來自於哥倫比亞大學的動機科學研究中心副主任海蒂・格蘭特（Heidi Grant）教授在《成功人士一定會做的九件事情》書中倡導的「If-then策劃」。這一個技巧是前面提到的U型理論在扣除掉「內省」部分的版本。如果是不需要內省的行動，那麼應該就可以運用「If-then 策劃」。

就像「下午五點一定要打電話」、「跟人見面絕對要面帶笑容」、「感到氣餒時就先停止繼續思考下去」、「沒有進展時就試試其他辦法」、「不懂就開口問」等，先決定好「發生狀況時」應該採取的作法，這樣不需要動

機就能夠付諸於行動了。

以我來說，事先決定了下面幾件事。

◎氣餒時就去沖澡。

↓這麼做可以讓頭腦清醒，避免想太多。

◎意志消沉時就找人聊聊。

↓因為我知道跟人聊聊心情會變好。

◎舉辦研修講座的前一天，會把衣服準備好再睡。

↓因為知道早上匆匆忙忙是不對的。

◎線上研修講座的前一晚，會先把辦公桌擺設好。

↓因為能從容的坐下，然後有一個好的開始。

◎在候車月台等車的時間就是我寫作的時間。

→這讓我在錯過電車的時候，會覺得「寫作的時間變多了，Lucky」。

◎如果能同時選擇特快或各站停靠列車的話，會搭乘各站停靠的。

→搭乘各站停靠列車不但可以工作，而且也有時間思考事情。

◎猶豫不決時，請選擇不會讓自己後悔的選擇。

→譬如對「應該進去這一家店呢？還是不要進去」猶豫時，要是覺得隨便怎樣都可以，就算等一下後悔也沒關係，如果是這樣的話就別進去。但如果猶豫「應該點這一道餐點嗎」時，有「等一下再加點應該比較好」的想法，那就應該要點。順帶一提，我所認識的某位經營者聽說是會「在猶豫不決時會選擇比較辛苦的選項」的樣子。

像這樣事先決定屬於自己的規則，就像是設定了一個自己的指南，這樣的話，相信你的行動力會提高很多。

「訂定屬於自己的規則的話，就會成為一位「積極行動」的人了。」

按照計畫進行並落實

雖然經常從書籍或是報導等看到有關「增強動機」或是「維持動機的方法」。但我並不會跟著動機走，而是跟著「記事本」走。

因為我決定了「要照著記事本寫的去做」，所以即使心情再怎麼低落，一點動力都沒有，或是感覺心力交瘁，我也會去做，不會被有沒有動機所影響。

尤其是一大早，雖然真的很懶得動，但還是有事情必須要去辦。這時候，就只能放下「不想做」的心情，硬著頭皮去做了。

記事本就像是貼身秘書。如果秘書提醒你「今天九點到十一點要打電話，十一點到十二點預定要製作企劃書」，那麼就算再怎麼不想動也會去做，而記事本就發揮了秘書的這項功能。

善加運用記事本，會讓你養成只要時間到了，就會自動自發地去做安排好的工作的習慣，最後工作就能如期完成。

按照記事本所寫的來行動，會產生不錯的效果。雖然心裡會覺得「好煩喔」，但如果你能把心裡感覺跟「因為記事本是這樣寫得所以沒辦法」做切割的話，應該還是會願意採取行動的。

就算動機經常改變，但這種作法會讓我們的表現不受到影響。

如前面海蒂．格蘭特教授所說，只要能像這樣讓計畫落實，並且按照計畫進行，那麼執行力就能夠提高百分之三百了。

根據某研究結果可知，預定行程如果是親筆記下的話，那麼執行力就會比較高。但要是覺得太麻煩，那麼用手機紀錄也是可以的。

順帶一提，我是使用直式周計畫類型的記事本。譬如在理髮廳剪頭髮的這段時間，會標記上「寫教科書一、二、三」的行程內容。

雖然也希望至少在理髮店的時候能夠放鬆一下，而且也覺得邊剪頭髮邊做事太麻煩了，但是因為行程已經訂定好了就必須要做到。

於是抱著「雖然覺得好麻煩喔，不過因為是寫在記事本的行程，好吧，那就利用這兩小時的時間把這三個部分寫完」的想法將工作完成。而正因為覺得難過辛苦所以會設法在短時間內做完，於是這兩小時會非常認真工作。令人感到驚訝的是，一旦開始全心投入，原本排斥的工作也變得有趣，兩小時很快就過去了。通常在最後都會有一種「真的很愉快」的感覺，甚至在工作結束之後會感到舒暢。

總之把要做的事情寫下來，排定好計畫。只要能這麼做，應該都能夠把事情做完的。

「就因為是麻煩的事情，所以才要趕快做完。」

只要將事情結構化，不需要動機就會採取行動

前面也曾提到，不要因為動機強弱變化的關係而影響到工作。接下來，我要介紹的是不被動機影響的實際做法。

第一個做法就是剛剛提到的，「讓規劃的行程能落實」的這個做法。只要下定決心將寫在記事本上的所有事情做到，那麼只要照著行事曆進行，就不會被有沒有動機所影響。

第二個做法就是「意志力」，聽說每一個人一天具備的意志力的量是固定的，而每當做出一個決定，意志力就會跟著減少。譬如早上起床時要決定「今天要穿什麼衣服」，中午的時候要決定「午餐要吃什麼」，而在工作時還要去決定「現在是不是應該打開電腦工作」等，每一次的小判斷都會讓意

志力減弱。因此只要別在無關緊要的事情上使用意志力，那麼在緊要關頭就會有比較多的意志力能夠派上用場。史帝夫・賈伯斯為了避免挑選衣服時會消耗掉意志力，所以衣服固定都是上半身穿黑色而下半身穿牛仔褲。而跟賈伯斯的作法類似的，就是如果決定了「在某個時間點要自動自發地去做某件事」的話，那麼就可以不必消耗意志力去思考了。

第三個做法就是，出現了「不想做」或是「心好累」想法的時候，再怎麼樣也請試著做一分鐘。當心中有「好麻煩喔，還要寫報告」的想法，無論如何請先坐到電腦前面，試著寫一分鐘的報告。一旦開始寫，一分鐘其實很快就會過去的，說不定還會欲罷不能的繼續寫下去。這種心理現象叫做「行動興奮」，只要開始運用身體或大腦做事，心情也會變得想要繼續做下去。

先決定要試著去做「一分鐘」，這不只會讓你的行動變得更加積極，說不定你還會覺得不去做反而讓事情變得更加麻煩。

「先做個一分鐘，
之後自然就會繼續努力下去了。」

第4章
不要害怕「失誤」

經歷過失敗的人比較有可能成功

任何人都害怕失敗，而且認為事情一旦失敗便無可挽回。

但我希望各位能夠知道「經歷過失敗的人，成功機率比較高」。就像是發射火箭，聽說失敗之後的成功機率比較高。這是因為失敗只是一個階段的結束，接下來應該要思考造成失敗的原因，然後想出對策去改善。

如果能夠這樣想的話，那麼失敗就只是「邁向成功的一個過程」。我們甚至可以說，成功是會阻礙成長的，害怕失敗的人其實就是害怕成功。

失敗了確實會意志消沉，感到害怕。但不要就這樣算了，而是要去再次確認事情發展不順的原因，然後冷靜地想一想「事情為什麼會變成這樣呢」，相信這樣做就能看出「如果那樣做說不定就可以」的可能性。

而曾經失敗過的事情，或許就是你應該要特別注意的部分。

之前曾經在某項資格考試中失敗，心情因為「原本以為自己辦得到的」、「明明那麼認真地讀書了」而感到焦躁，在那之後「是不是我的能力不夠」等失落的情緒毫不留情地朝我席捲而來。

但就在我思考「為什麼會失敗呢」的過程中，出現了「這一個資格考試值不值得我浪費寶貴的時間去準備呢」的想法。

原本是抱著能挑戰成功的心態來準備的，但後來我注意到，其實就算沒有考到那個資格，對目前的工作也不會有任何影響。

當然我也在挑戰過程中學到了很多。因為這一次挑戰失敗，讓我注意到我的最終目標不是要拿到那個資格，只是期待挑戰成功所得到的滿足感，但是想到之後如果運用到這一個資格，那麼勢必會影響到現在的工作。

有些事情必須要再實際做過之後才會察覺，才能夠學習到，這也就是從失敗當中學習。因此我們可以盡量去挑戰各種不同的事情，就算失敗了，只要能夠從中發現某些事情也就值得了。

「還好沒有去做」的想法只會讓你錯失一些無法替代的、會讓你後悔不已的機會，而這些懊悔都是難以挽回的。所以只要不是會造成嚴重損失的事情，那麼去做說不定反而比較好。

進展不順利正是讓你往後變得順利的基石。

如果能夠這麼想，就算失敗了心情也不會太失落。

「失敗是邁向成功的過程，這是真的！」

不知道哪一個地方錯了……的時候

你應該也曾被主管提醒「這個有錯，拿回去修改」，但主管光是這麼說，我們根本不知道哪裡有錯，應該要怎麼修改。

這個時候應該怎麼辦呢？

如果遇上這種情形，發生錯誤就只是一種現象而已。

第一個問題是，不知道「哪裡有問題」。而在這種狀況下拿回去修改，當然還是不能達到主管的要求。

所以首先，從確認問題出在哪裡開始吧！

試著詢問主管「應該要注意哪一個部分呢，可能我沒有注意到，能夠請您告訴我嗎」，有沒有開口詢問是很重要的。也就是說，是否有跟主管進行溝通是關鍵。

不過你可能會認為「要是直接問的話，說不定會讓主管覺得『怎麼連這種事都不知道』，然後害怕地問不出口」。

其實大多時候，不是害怕有沒有犯了過錯，而是擔心「對方會怎麼想」。但要是不先跟對方確認之後再去修正的話，最後還是會再次犯錯，這樣就只會讓主管認為「這個人不管告訴他多少次，都還是會犯相同的錯誤」。

你覺得是向主管確認之後，第二次就能夠正確修改比較好呢，還是不跟主管確認，然後又再次犯錯比較可以獲得對方的認可呢。想當然爾，是前者吧！

會擔心犯錯也是無可奈何的，但是連對方會怎麼想都去煩惱的話就未免太多餘了，其實說不定對方也覺得「明明直接問就可以了呀」。

在商店找不到需要的商品時，會馬上找店員問「這個商品放在哪裡」的人，跟不開口詢問店員而是自己去找的人之間是有差別的。向店員詢問雖然會讓人有點膽怯，因為會害怕要是開口問「那個……不好意思」卻沒有店員搭理的話，可能會感到灰心，就會想「果然還是自己找比較好」。

但比起自己花時間四處找，直接去問店員能夠馬上幫自己解決問題，壓力也會比較小。如果將會感到膽怯，以及自己會處在不利狀態的這兩種情形，放在天秤上衡量，要是不利狀態會讓你感到困擾的話，不用考慮太多，請直接去問店員。這在職場上也是一樣的。

一般人的確容易擔心對方會怎麼想，但要是太過在意的話，反而會做出不利於自己的行動。

行動總是徒勞無功的人，大多會因為不想開口問，而造成不好的結果吧！

要是不知道問題出在哪裡，請鼓起勇氣去確認。只要養成這個習慣，相信會給你帶來不同結果的。

「別浪費時間去煩惱，
直接問比較快！」

犯錯時，應該怎麼辦？

認真算了一下，我犯錯的次數絕對不輸給其他人，但我卻不會因此而一蹶不振。這是因為大多數的錯誤都不是太嚴重，所以我根本不會把這些失誤當作問題。

前幾天發生了下面這一件事情。

在研修會上，我指著發給學員的資料說：「大家請翻到下一頁」，但是第一頁後面的頁碼卻直接跳到第三頁，然後我是這樣想的，「好奇怪喔……影印時明明會自動編號的，搞不懂為什麼會這樣，但算了，反正也不會有太大的影響」。

然後告訴學員們：「非常抱歉，不知道為什麼會這樣，頁碼跳到了第三頁，請把這一頁當作是新的第二頁來參考」，讓研修會繼續進行。結束之後，辦公室的人員告訴我說「這次的研修會比我們所期待的還要精彩，非常謝謝您」。

會害怕錯誤的人，或許會把犯錯本身當作是一個問題，但其實犯錯本身並沒有問題，所以只要不會造成嚴重後果，犯點過錯並沒什麼關係。

如果不是太嚴重的錯誤，那麼請勇敢地向對方表達「非常抱歉，犯了這樣的失誤！下一次會特別注意的」等希望能夠被原諒的話，相信對方也會願意接受。但另一方面，要是你無法原諒自己犯的錯，而一直「對不起，對不起」道歉的話，那麼對方可能就會把錯誤放大三倍，覺得你犯的過錯不值得原諒。

既然這樣，不如勇敢地立刻承認錯誤並且道歉、設法挽救，讓事情可以繼續進行下去。請試著想一想「對方希望看到怎麼樣的處理方式呢」，如果可以想通的話，那麼大部分的錯誤應該都有辦法彌補的。

百分之九十九的錯誤都不會成為問題

發覺自己沒注意到的重大錯誤的方法

自己覺得沒什麼的失誤，但對對方來說或許是一個不容許犯錯的問題。要是經常沒有察覺到自己犯了錯的話，別人很可能會認為「這個人不太會辦事」。

為什麼自己與對方對錯誤的認知會出現差距呢？

那是因為你只從「自己的觀點」來看事情，而沒有去思考「對方是怎麼想的」。換句話說，就是有沒有產生「同理心」。如果能激發對他人的同理心，那麼應該就會開始站在對方立場來思考了。

接著來了解一下，應該要如何訓練自己的同理心呢？

我們可以從下面的三個「面向」來思考。

第一個就是，對方是站在什麼樣的立場？

第二個則是，對方現在處於什麼樣的狀況？

最後是對方有著什麼樣的情緒？

能夠從對方立場考慮事情的人，雖然他們可能是無意識的，但平時都會去想這三個問題，所以當別人一問，當然就能輕易回答出來。而不知道「對方是怎麼想的」的人是回答不出這三個問題的。

曾經有過「自己覺得沒什麼大不了的事情，但事實上卻是踩到對方地雷」經驗的人，在回想一整天的事情或是做工作回顧時，不妨試著從這三個面向來思考。要是發現「糟糕，得罪人了」的話，那麼下一次遇到同樣的情形時，就請試著從這三個面向來思考。養成問自己問題的習慣是很重要的。

話雖如此，但就如前面說過的，比起克服弱點善於利用自己的強項更為重要，所以千萬不要想得太多，以找出自己的強項為優先。

「從對方立場來看的話，
自然就會看出「優先順序」了。」

投訴是機會到來的前兆

聽到有人投訴或是表達不滿，心情應該會不好。但沒關係，我們可以把投訴跟不滿變成機會。

活躍於一九七〇年代的美國消費紛爭處理專家，約翰・古德曼曾經提出了「GOODMAN 理論」。

根據古德曼的說法，成立了以下的法則。

在所有購買某項商品之後，覺得滿意然後會再次回購的人當中，曾對商品感到不滿意，但後來有獲得妥善且令人滿意處理的人所占的比例相對較高（實際上有八成的人會回購）。

順帶一提，雖然感到不滿意卻沒有抱怨的人，對商品的回購率就只有百分之九而已。

常會聽到處理客訴的人說「感謝您提供寶貴的意見」或是「很榮幸能得到您的回饋」等，這不是場面話，因為事實真的就是這樣。

要是在工作方面被抱怨的話，那麼只要去想「我的機會到了」、「他是在測試我」就可以了。如果在對方抱怨的時候能立即採取應對的話，那麼就能得到對方的信任，有助於你未來的發展。

我在瑞可利控股公司負責徵人廣告業務的時候，曾發生這樣的事。

有一位客戶要求我，在每個星期四都要打電話去確認有沒有工作的委託，有一次那家公司委託我們刊登徵人廣告，而在廣告刊登期間剛好遇到了星期四。
當時我想「徵人廣告還在刊登就打電話問有沒有新的委託有點奇怪，但是也不想因為沒打電話而被責怪」，最後還是打了電話。先向窗口表明「我知道貴公司的徵人廣告還在刊登中，但因為之前約好每個星期都要打電話過來，雖然覺得應該不會有新的需求，但還是用電話跟您打聲招呼」。
然後負責窗口說「請稍後一下」，然後我從電話可以聽見他正在詢問該公司的社長，「社長，伊庭先生打電話來問『下一個星期還需要再打電話來確認嗎』」。
正當我心裡想著「不是這樣的！我根本沒有這麼說」的時候，從電話那頭聽見大聲怒吼的聲音。
「那個傢伙，竟然敢這麼問。虧我還想延長刊登時間，你去跟他說『別再打電話來了』。」

我心想，「那個……這一位先生，你傳話也要傳正確吧！」後來我為了向社長解釋，飛快地衝到那一家公司。

「社長，不是那樣的！其實我是說……。」

但我的話完全被社長忽視……雖然他沒有當面向我抱怨，但從他的表現很明顯可以看出社長心裡在說：「你在跟我開什麼玩笑」。「真是冤枉呀」，那時我內心是這樣想的：「目前的這種狀況帶來的負面影響十分明顯。而在被告知『別再打電話來了』的時間點，代表銷售成績是零，我已經沒有什麼好失去的了。既然如此，那或許可以開始進行挽回信賴的遊戲了。」

於是，我低調地做一些能讓社長高興的事情。

首先，帶著促銷品的記事本去拜訪，我說「這個請在談生意的時候使用」。但結果是被完全忽視。

接著是「這是我們公司新採購的原子筆，請使用」，還是被忽視。

「社長，我準備了這份資料，說不定對貴公司會有幫助」。但是因為他沒有伸手接走，所以我直接將資料放在桌上後就離開。

就這樣每個星期一次，帶著不同的東西持續去拜訪。

過了半年，那一位社長突然開口說。

「如果要刊登徵人廣告，哪時候比較適合？」

「啊……星期二！」

「幫我刊登吧！」

「真的嗎？社長」

「刊登就是了，別再讓我多囉嗦了。」

他終於再次委託我們公司刊登廣告了。

十五年之後，發生了更加令人感動的事。

就在我以部長的身分回歸同一個部門的時候，發現這一家公司還是有繼續跟我們部門簽合約。據說那一家公司的社長對我們公司特別照顧，真的讓我非常高興。

像這樣，就算收到了顧客的投訴，但只要之後能夠設法修復，相信還是可以獲得客戶的諒解，讓雙方的關係重新建立起來。

所謂最糟糕的狀況，說不定是能贏得更穩定信任關係的好機會。越是因為失敗而評價變差，就越是展現自我的時機。

不要逃避，試著找到能讓對方開心的方法。只要不逃避，最後得到的結果絕對不會比現在的糟糕。

「失敗是重獲信賴遊戲的開始」

想逃跑時，能堅持下去的方法

在前一篇提過，只要不選擇逃避，最後得到的結果絕對不會比現在糟糕。話雖如此，但有時候還是會想逃跑。

當這種想法出現時，應該要怎麼做才能讓自己不再這樣想呢？

在內心深處，我認為不論是對誰，或是在什麼樣的狀況下都是「只要好好地說對方就會懂」。所以，希望大家都能稍微堅持一下，試著好好跟對方溝通。

這是我在擔任業務時所學到的，世界上有九成的糾紛都是因為溝通不良所引起的。譬如在與主管、客戶的關係中，就經常會有這種情形發生。

要是沒有充分溝通的話，可能會發生像是「我不是那個意思」、「應該不會是這種結果」的誤解，或者自己會胡思亂想：「這個人一定是這麼想的」。

只要願意溝通就會理解，所以先試著說出口。能夠堅持到溝通機會的到來是很重要的。

要是在戀愛情境中，那麼這種堅持到底的行為可能會被當作是跟蹤狂，但如果是生意場合的話就不會有問題。就從建立起對雙方都有好處的「雙贏」關係開始吧！

從事登門拜訪的業務經常會遇上吃閉門羹的情形，我曾經在某間烏龍麵店也是被完全忽視，不管做什麼事情都被忽略，所以我經常吃完烏龍麵之後就離開了。

雖然我一直被無視，但也還是登門拜訪了五次，而原本態度冷淡的店主終於開口問「你叫伊庭嗎？」。

然後他跟我說，「真是敗給你了，一般的業務在吃了幾次閉門羹之後就不會再過來了。因為我很討厭去拒絕別人，所以才忽視不理會。可是即使這樣，伊庭先生還是每一個星期都來吃烏龍麵，要是再繼續拒絕的話，我會很不好意思的，所以決定要刊登徵人廣告」。

在那之後，我跟烏龍麵店的店主一直維持著良好的關係。

大部分的人在吃了幾次閉門羹之後應該就會放棄了，因為被拒絕真的很難受。

的確，前面三次會覺得「不會吧，又被拒絕了」，而在被拒絕了五、六次之後，即使每次去拜訪之前都能預測到今天又會被拒絕了，但還是會心存希望，心想「這種情形不會一直持續下去的，應該會有期限的」。

不論是遇到了什麼狀況，只要再稍微堅持一下，設法找到能夠對話的機會，問題通常都能獲得解決。所以不要逃避，請嘗試去溝通。

「在任何時候，
只要願意溝通就能互相了解。」

保住「職務上的自己」

前面自以為是地談了許多，但其實我是一個不怎麼樣的人。

小學時，雖然被選為班長，但是應帶物品的檢查卻都是「X」。中午學校供餐時，也因為覺得要帶餐巾太麻煩所以不帶。

學校在班級跟班級之間會舉行「○的個數」的競爭，因此班上其他人叮嚀我好幾次，叫我「要記得帶」。這樣的提醒我實在聽了太多次了，終於在某次中午用餐的時候，我隨便拿了一張紙墊在餐具下面，然後跟別人說「這是我的餐巾」，於是班上同學就發起了罷免班長運動。

沒想到吧，我也曾有過因為同學認為「沒有辦法讓應帶物品檢查都是拿X的人當班長」，所以在班會時進行投票表決，最後因為投贊成票的人占大多數，讓我不得不辭去班長這個職務的黑歷史。

在大學時期，也曾跟朋友借了CD和吉他卻忘記還。所以我是一個屬於喜歡時間寬裕，不想去做討厭事情的人。如果真的要選的話，我會選擇按照自己的步調去做事情，甚至會有「不懂為什麼有人會想成為主管」的想法。

但原本這樣的我在進入社會之後，不但覺得「能成為主管太棒了」，而且向別人借的東西也都會記得歸還。會確實遵守約定與時間，任何事情都不會逃避。

人是會改變的，這都是因為在透過工作，在了解「職務上的自己」的過程中，連「原本的自己」也會跟著改變。

為什麼我要揭露自己不堪的過去呢，那是因為我想告訴各位，如果能將「職務上的自己」與「原本的自己」分開思考的話，即便是曾經不怎麼風光的我，也不會受到動機跟心情的影響，可以繼續努力下去。

這樣的我在成為社會人士之後，變成一個能站在各種不同的人面前進行研修與演講，並且出版了超過四十本書的人。換句話說，人本來就是會改變的。

人們不但能透過工作來了解自己盡應的責任，同時也能藉由工作來鍛鍊人格，然後，就能成為那個心目中的自己。

「人要透過工作來改變自己」

部分謝罪

當主管指出你的錯誤時，或是客戶要求你謝罪時，應該要如何去面對呢？

可能有些人會「對老是犯錯的自己感到厭惡」，但我想要說的是，並不是所有事情都是你不對。只是你犯的過錯當中有一部分是不對的，所以請表達「這一次關於這個部分，我覺得非常抱歉」、「很抱歉，關於這一點讓您這麼的費心」，然後「部分謝罪」應該就足夠了。

這個時候要是說出了「像我這麼無能……」之類的話，便是對自己的全面否定了。只針對不對的部分道歉是很重要的。

譬如提出某一項方案，當對方開始執行了一段時間之後，卻看不到預期的成效時。要是你向對方說「真是非常抱歉」之類的全面道歉的話，就會變成提案本身是有缺失的了。

但之所以會沒有成效，不光是提案方的問題，也非常有可能是執行方的環境及條件所造成的。所以我們不需要全面道歉，只要針對有錯的部分表達，「關於〇〇的這一點，讓您擔心真的十分的抱歉」來謝罪。這種說法的背後帶有（並不都是我們的錯，但讓您擔心確實是我們的不對）的意思。

首先，請先好好確認「是什麼地方犯錯」吧。謝罪時「對於『造成您的困擾』由衷地感到抱歉」、「『〇〇設想的不夠周到』，真的非常抱歉」等，只針對有錯的部分來表達歉意。這麼做的話，就不會變成自我否定了。

老是全面否定自己的人，以及經常會負面思考的人，只要能夠將問題分開思考，應該就不會讓心情一直感到低落了。

「道歉時，只要針對
「錯誤的部分」來表達歉意。」

人總有擅長與不擅長的

就如前面提過的，我也曾失敗過很多次。但因為我覺得「每個人都有擅長跟不擅長的」，所以不認為失敗會是什麼大問題。

在正向心理學的理論當中，有「只要不是致命弱點，不去克服也不會有太大影響」的觀點。而它的意思也就是，在擔心弱點會帶來傷害之前，先強化自己的優點。

杜拉克也曾說過「能將致命弱點消除當然很好，但其實更應該要強化自己的優勢」。請務必牢記，太過在意弱點並不是一件好事。

滾石樂團的凱斯・李察是我最喜歡的吉他手。

雖然是世界有名的吉他手，但是他彈吉他的功力卻是一般般，不但在彈奏技法方面一點也不華麗，在演奏中甚至連速彈都不會出現，有時候節奏還會落拍。雖然在職業吉他手中，他的風格有點獨特，卻是一位具有個人魅力，傳說中的吉他手。

在某次採訪中，記者向凱斯提出了這樣的問題。

「你跟朗・伍德（滾石樂團的另一位吉他手），誰吉他彈得比較好呢？」

凱斯這樣回答。

「這個問題很難回答，但兩個人一起合作應該就是世界無敵吧！」

他們兩位在競爭的是有「風味」的「演出」，真是太帥了！

凱斯・李察以自己的強項來一決勝負，吸引了全世界的注目。就算輸給了競爭對手，或者是不去練習速彈技法也沒關係，他還是能以自己的強項贏得勝利，成為具獨特魅力的世界級吉他手。

「你已經很厲害了！
用你的強項一決勝負吧！」

說不出「NO」的人可以試看看這個方法

我想應該有人在被別人拜託幫忙時，很難開口說「NO」來拒絕，或是因為客氣就不敢找其他人商量。我建議有此困擾的人可以運用「DESC法」。

這是一個讓你在因為客氣，沒辦法說出請求時，經過充分考慮之後能說出口的一種思考方法。

雖然我從沒看過有人因為客氣不說就被別人批評的，但是卻看過不少在考慮之後表達出自己想法，最後獲得好評價的人。可見只要認真思考要如何表達內心想法，然後確實主張自己的看法，反而會提高別人對你的評價。

所謂的DESC法就是，Describe（描述）、Explain（說明）、Specify

（提案）、Choose（選擇）的簡稱，接著我們來說明進行的流程。

D：Describe（描述）

首先，不要夾雜自己的意見，只針對當時狀況來描述。

E：Explain（說明）

接著，闡述自己的想法及意見。

S：Specify（提案）

然後，提出具體方案或者是商量。

C：Choose（選擇）

最後，讓對方做出選擇。

譬如，主管急著要你準備一份資料，但你現在手上有一堆公事，沒有辦法立刻幫忙處理。這個時候，只要運用 DESC 法就能做好協調。

主管：「這一份資料很急，馬上幫我處理可以嗎？」

你：「好的。只不過，我必須在三十分鐘以內遞交一份企劃書給A企劃的客戶（D）。雖然企劃書還有一點時間可以準備，但我覺得應該要馬上處理比較好（E）。所以想跟上管您商量一下，那一份資料可以在今天傍晚前交給您嗎？這樣我就有充足時間將資料完成（S）。我知道您一定急著要，但不知道這樣安排您覺得如何？（C）」。

只要了解這個流程，相信在不會引起任何風波的情況之下，就能夠提出自己的主張。而且也不需要擔心「要是拒絕了就會被討厭」了。

DESC法在傳達難以啟齒的事情時也可以運用。

譬如，因為客人在店裡大聲地喧鬧，所以希望他們能安靜一點的時候。如果是店員的話，就可以這樣說。

店員：「非常抱歉，有一件事想請各位幫忙。有其他客人反應，希望你們能夠『安靜一點』（D）。

當然，我非常希望來店裡的客人都能賓至如歸（E）。

所以想跟各位商量一下，是不是能請你們稍微降低講話的音量呢（S）。

請問各位覺得如何？（C）」。

使用 DESC 法的話，大部分的問題都能解決。像是客人或是長輩、主管等，對於某些礙於身分而很難直接說出口的對象也能夠使用，而且也不用擔心自己說話會不夠圓滑。請務必試著用在各種不同的場合吧！

「顧慮太多而說不出口的話，
請仔細思考之後再表達出來。」

「時間良藥」的效果令人期待

在許多時候，失敗都能用「時間」來解決。

俗話說：「謠言頂多只能傳七十五天（謠言只能傳一時）」，人們的記憶力其實沒有那麼好，在不少的案例當中，問題都會隨著時間自然消失的。

因此，在費盡心思想要解決卻遲遲難有結果時，或許用時間來解決也是一種方法，靜靜等待一種稱為「時間」的良藥吧！

而利用時間來解決的方法有下面兩種。

其中一個是，在摸索解決方法的同時，也不要忘記「時間能夠解決」的這個方法。

而另一個則是，當覺得「目前好像有點勉強」的話，先放下不去管它。如果是要解決煩惱的話，這一個方法或許不錯。

遇到「事事不順利」的時候，或是費心投入的事情遲遲看不到成果，請試著把這些問題放在一邊，先努力去做其他事情。說不定在你專心投入其他事情的時候，原本讓你束手無策的問題，後來都變得能輕鬆解決。到頭來，這些問題都變得不是太重要。

有一些事情是身處漩渦中會很難看清楚的，但只要離開了漩渦，或許就能看到「啊，原來是這樣」。

在漩渦當中會感到非常難受，所以這個時候更要抱著「現在正在漩渦當中，只要離開了漩渦，我就能看到其它的東西」的想法。到我這個年齡，就會覺得「有很多事情其實都沒什麼大不了的」了。

我深刻體會時間這一帖藥的藥效，建議各位偶爾可以依賴它的效用。

「離開漩渦
就能看清許多事情」

不帶感情，冷靜處理

在我尊敬的前輩當中，有一位不管遇到什麼事情都能冷靜處理的人。即使有人跟前輩說一些嚴厲的話，他還是會面不改色地說：「這樣子啊，真是傷腦筋」，然後繼續平靜地做自己的事。

我曾經問過他：「前輩你被講得那麼難聽，怎麼還有辦法處之泰然呢？」然後他就回了我一句：「因為這是工作」。

事情進行順利時也不會喜形於色，做得不順利也不會心情低落。總是帶著平常心，冷靜地去解決事情。我認為這點真的非常重要。

這一位前輩在私底下是充滿了活力的，我想他一定有像前面提過的，把

「職務上的自己」和「原本的自己」劃分的很清楚吧！

更進一步的，前輩在工作時連情感方面也會與原本的自己區分開來。說不定他是扮演著不帶感情，冷靜地投入工作的角色，而這不正是最頂級的工作型態嗎？

不論是工作順利還是遇到了挫折，前輩都能淡然以對。不但不會感到焦躁，也沒有垂頭喪氣的，甚至也沒有氣急敗壞地大聲說話。前輩就是這樣的一個人，所以從各方面獲得了許多工作跟機會，目前是一位相當活躍的公司負責人。

或許我沒辦法達到前輩那樣的境界，但是在遇到難過的事情時，只要能夠做到不被「難過」的情緒牽著鼻子走，在情感上做好切割之後再去「默默地解決」就可以了。這麼做不但會讓心情變好，也不會再為了多餘的事情而感到失落。雖然無法讓原本會使我們感到痛苦的事物變得不痛苦，但能夠讓我們區分出「好痛，不過這只是我扮演的角色」。

當我們出現「好像有點應付不來」、「覺得悶悶不樂」想法時，請啟動情感切割的模式，然後再立刻切換到「來設法解決吧」的模式。

或許你會無法認同，但如果是從得失來考慮的話，徹底做好一個角色會比較有利。而且在做好自己角色的這一段期間，原本不認同的想法或許會跟著消失。

而關於切換模式的方法，可以想想在認識的人當中，有沒有冷靜平穩，可以作為學習對象的人呢？然後在需要切換模式時，試著想像「如果是那個人的話，會怎麼想」。

當我感到難過時便會想起那一位前輩，然後去想像「如果是前輩的話，他會怎麼做呢？肯定是會當作沒聽見吧！好，那我也隨便應付過去」。

「啟動情感切割模式」

第5章
消除「壓力」

以影像時間軸來整理

在眾人面前報告或是發表的時候，會感到十分不安對吧。那是因為「不知道自己會在哪一個環節出糗」才會這樣的。要是能先在腦海中把整個過程變成影像，就能消除大部分的不安了。

對於不安的定義，原本就是「對不明確的事物所產生的恐懼」。也就是說，因為不知道對象是「什麼」所以才感到不安。

所以我推薦建立「時間表」，先按照時間軸來整理的話，就能清楚看到自己可能失敗的地方。一旦心裡有個底，或許還是會緊張，但是卻不會感到不安，心情也會比較放鬆。

前幾天，一位初次合作的客戶委託我在研修會講一個從未講過的主題。

因為我感到些許的不安，而為了消除不安所以準備了時間表。

將研修會的整個流程以時間表來呈現，果真發現了可能會出現問題的部分。

研修會是包括了在現場聽講的實體授課，以及線上授課兩種的混合型授課。在這種情況下，分組工作應該要怎麼進行？我很清楚這會是一個需要解決的課題。

考慮之後，決定在實際演練時將畫面分割成兩個部分，讓實體授課的小組與周遭的其他學員交換意見。另外，參加線上授課的小組則讓他們各自演練。演練時間結束，將畫面切換成一個，然後我再進行說明。

事先將時間軸整理出來，可以清楚知道每一個階段的時間，讓我們的想像能更加具體。

在前面提到的研修中，介紹大概只占全部時間的十分鐘而已。至於應該要介紹些什麼呢？接下來再用十五分鐘講主題，之後的演練時間是三十分鐘。在學員演練時，自己應該要做什麼好呢？是不是四處走動會比較好。如果學員看起來好像還是不太了解我演講的內容，那麼是不是只要學員答對了我的提問就算了呢？

像這樣，按照時間將自己應該做的事情具體化。這個做法不但能事先將「這種狀況可以這麼做」、「這個時候應該這樣處理」等細項考慮好，同時也可以把進行不順利時使用的「保險」先準備好。

如果必須在眾人面前說話，就請你務必事先做好時間表。手寫的也沒關係，只要把規定的時間做好分配。像是「一開始的三分鐘先講○○」、「接著再用五分鐘來說明△△」、「安排三分鐘來回答問題」等，先做好安排的話，就能避免時間到了卻還沒有講完，或是因為演講內容太多而超過預定時間等情形的發生。

人會感到緊張是無可奈何的，但我們能將隱約可以感受到的不安拋開。先去了解造成不安的原因究竟是什麼？然後再準備好因應對策，那麼就算會感到緊張也能夠順利地克服。

「先知道哪裡可能會出差錯的話，應該就不會感到不安了。」

先買好「保險」

常會有人跟我說，「伊庭先生在演講的時候都不會感到緊張吧」。

其實並不是大家所想的這樣，我也是會緊張的，但我不會感到不安。

這是為什麼呢？就像前面說的，那是因為我「針對可能會發生問題的部分已經做好準備了」。

所謂的準備，就是「風險管理（Risk management）」。

「如果發生了這種狀況可以這麼做」、「在這個地方失敗的話，就用這個辦法來挽回」像這樣事先準備了好幾種選項。

但如果在完全沒有準備的狀況下，突然被告知「希望您能幫我們致詞」的話，自然是會焦慮跟緊張的。

那麼風險管理應該要做到哪種程度才可以呢？我認為只要做到，事情進行的不順利時，不會產生致命問題就可以了。

譬如，進行線上研修的時候，可能會發生客戶的通信量爆增，或是電腦突然掉下去等風險。

我們可以先假設會發生這種狀況，然後再事先準備好備用螢幕及另一條網路線路。萬一還是不行的話，那麼使用智慧型手機也是可以的，所以最好也要把手機先設定好，放在隨手可拿的地方。

「這會不會太杞人憂天了啊？」，不，絕對不會。只要準備好「保險」，就能夠帶來「發生任何事都能解決」的安心感。

因此，我就算會緊張卻不會感到不安。

「先想像最糟糕的狀況，就知道應該要怎麼去避免了。」

先決定好「不用說也沒關係的事」

提到事先準備，那麼也包括了在一開始就要決定「不用說也可以的內容」。

首先，以前面提過的方法將時間表做出來。譬如，演講的時間是十一點到十二點，那麼可以這麼規劃。

十一點到十一點零五分　搭配幻燈片做自己介紹。
十一點零五分到十一點二十五分　討論①二十分鐘。
十一點二十五分到十一點三十五分　討論②主題（重要）十分鐘。
十一點三十五分到十一點五十分　小組演練

十一點五十——　解答與回答問題

十一點五十八分　預計演講結束

在分配時間的同時，也把要講的內容決定好。

在前面舉例的這個場合，主題是一定要講的，而自我介紹之後的部分則決定為視狀況變成「可以不用講的內容」。

其實以當天來說，在②的二十分鐘當中，前面的十分鐘因為有人提問，所以是以回答提問的方式來進行的，而原本後面十分鐘要講的內容就省略了。

像這樣，先預留一個能夠調整時間的地方，這樣就不會被時間耍得團團轉了。

然後演講時，只要能將哪一個地方要炒熱氣氛，哪一個地方要捨棄，哪一個地方可以忽略的關鍵確實掌握的話，同樣也不會被時間影響的。

這個方法也可以運用在報告及商業談判上，先決定好「應該要說」以及「有時間再說」的內容。只要這麼做，相信不管是在哪一種場合都能沉著應對。

「報告時，不需要將全部的稿子都背起來。」

發生意料之外的狀況該如何處理？

即使已經準備完全，還是有可能發生意料之外的狀況。像這種時候，腦袋可能會一片空白，不知所措的僵在原地。

那遇到這種情形時，應該如何重新振作起來呢？

發生意料之外的事情時，可以考慮「在能力所及的範圍內努力看看」。

前幾天，發生了這樣的事。當我正在準備一個下午兩點開始的研修會資料的時候，卻臨時接到了通知。對方表示他們告訴參加學員研修會的時間是「從下午一點開始」。會議突然整整提前了一個小時，我的準備時間根本就不夠。而且對方雖然先前表示過參加者大部分都是業務員，但當我仔細看了參加者名單，發現有四分之一左右的參加者是隸屬於業務部門以外的其他部門。

就在因為「來不及準備」、「只針對業務方面準備了研修內容，該怎麼辦」而腦袋變得一片空白的時候，我決定跟平常一樣「就從眼前可以做到的事情開始做」。

現在要修改上課資料是不可能的，但如果是調整分組的話好像可以辦到。既然這樣的話，就將學員分成業務部門以及其他部門兩個小組，然後再稍微調整一下進行的方式（Facilitation）。最後，不論是業務部門的學員，還是其他部門的學員都對這一次的研修感到十分滿意。

面對突如其來的狀況會讓人心驚膽顫吧！但這個時候，盡力做好眼前的事就可以了。只要及時切換心情，大多數的問題都能迎刃而解。

前面也曾提過，不會造成致命問題的失敗其實沒什麼大不了的。

「面對意料之外的狀況，在能力範圍內做好能做到的事。」

讓人放心的方法

我認為會緊張是無可奈何的，但要是能知道讓自己冷靜下來的方法，那麼應該可以稍微降低緊張的程度。

以我來說，會將研修跟演講時的環境設置成一樣的配置。不論是在哪一個場所舉辦，同樣的物品會放在相同的位置。把前面提過的時間表及電子錶放在同一個位置，然後再把個人電腦也架設在相同的地方。就跟漫才師（註：漫才表演者，漫才大多由兩人組合演出，一人擔任較滑稽的角色負責裝傻，另一人擔任較嚴肅的角色負責吐槽）站的位置一樣。

聽說漫才師要是站到不同的位置就不會表演了。以前不太明白是什麼意思，但自從在眾人面前講話的機會變多之後，就非常能感同身受。偶爾在研修時會因為突然使用了不同的電腦，就讓我的緊張程度大大地提高。

而且我對「五」這個數字特別有感。因為發音跟「緣」一樣（註：「ご縁」的發音和日幣「五円」相同），非常地吉利，所以很喜歡這個數字。從小時候開始，我會拿五支鉛筆到學校，而且如果在心中默念「一、二、三、四、五」，那麼考試就會考得不錯。直到現在，我都還是這麼做。

從「右肩往上（註：此指成長的意思，不論是曲線圖還是長條圖，若呈現往右上的趨勢就代表在成長中）」的含意來看，像是桌上的筆記本等，我所有的東西在擺放時都會微妙地朝右上擺放，要是擺得很整齊反而會讓我心神不寧。若仔細去看，我連電視遙控器都朝右上擺，後來還因為這件事被家人嘲笑了一番。後來發現，我身體的軀幹也是朝右上歪斜的，如果是這樣的話，那我的個人電腦應該也是有稍微地朝右上吧！

事情做得太過頭雖然不太好，但就算沒有科學根據，我還是認為這個

「能夠降低緊張感，提高自我的形象」的方法確實不錯。我是一個只要能對五堅持，或者是將事物與右上做連結就能提高自我形象的簡單人類。

「以自我儀式來提高你的自我形象」

發表時知道「什麼不要說」是很重要的

在很多人面前發表當然是會緊張的。但所謂的發表，很容易會讓人以為「這個也要說明」、「那個看法也要提出來」，都是「應該要說的話」。但最重要的，其實是「研究怎麼樣才能讓別人提出，你希望被問到的問題」。也就是「思考什麼是不應該說的話」。

越想表達越會讓人感到疑惑。在發表結束之後，經常有人會提出「那個是什麼意思」的問題吧，如果是跟發表內容有關，那就只好回答了，但如果是針對不是論點的部分，是吐槽的問題的話，那麼還要去一一回答就真的太浪費時間了。所以發表的時候，多餘、不用說的就不要說，這樣才能夠引導聆聽者只針對主要內容提出問題。

之前，我曾在董事會發表過有關業績的主題，在排練時發生了下面這件事。

在發表的時候，提出了雖然呈現上下波動，但最後還是顯示出成長的營業利益率圖表。前輩看到這張圖表後表示「讓人看到顯示上下波動的鋸齒曲線不太好喔」。然後他告訴我說「要是被問到『鋸齒曲線的凹陷處代表什麼』的話，你要怎麼回答？應該要說的話就要說明白，不需要說的話就絕對不要說，這對聆聽內容的人來說，會比較容易了解你想要表達的重點」。

當天我按照前輩教的方式在董事會發表，結果說話的內容精簡到只剩下了六、七成。最後聽到了某位董事「伊庭，你講的很容易理解。言簡意賅，真的非常好」的稱讚。

發表不是把想要說的話，直接說出來就可以，事前假設好「不要說出來的內容」才是更重要的。只要決定好這個部分，那麼就算必須在眾人面前發表，應該也不會感到害怕。

比起說得好，
更重要的是要知道
「什麼不要說」。

就算不懂、犯錯，只要「積極面對就會贏」

有些人會擔心在回答學員問題的時候，要是回答不出來的話怎麼辦……，然後就開始緊張。

碰到不知道問題答案時的應對方法只有兩種，第一個是就知道範圍來回答。另外一個就是直接說「我不知道答案」。

如果被問及的是自己的專業領域，那麼不知道或許說不太過去，但專業領域以外如果有不知道的地方，那麼誠實說出「我不知道」不會影響別人對你的評價，而且也不需要覺得丟臉。千萬不要覺得這是一件丟人的事，直接說出來沒有關係的，至少這樣就沒有必要不懂裝懂了。

而且就算不知道，我認為「有一顆開朗的心就能贏得勝利」。

譬如說，絕對不是只有高爾夫球打得很好的人，才會有人邀請一起打高爾夫球。像分數只有一百二十或一百三十，也就是比較不會打高爾夫的夥伴，只要是比別人更享受於打球樂趣的人，會讓人想「下次要再跟他一起打球」。或是一邊說著「我會加油的」，為了不要造成其他人的困擾，開心地四處追著高爾夫球跑。像這樣的人，其實說不定最後反而是最厲害的。

我覺得工作也是一樣的。仔細想想，不管是強還是弱，還是有沒有知識都不會是問題。就算不懂，就算失敗了，但只要是保持開朗態度的人，相信遇到任何事情都能迎刃而解的。

這就是所謂的「可愛」，也是「討人喜愛」。可愛還有討人喜愛是「開朗」加上「努力」之後產生的。

就算沒有達成目標，或者是在發表時失誤，也不要把它看成是嚴重的失敗，心裡想著「非常抱歉，下次我會更加努力的」，讓失敗成為你前進的動力。而這也是會讓人產生「想跟這個人一起做事」想法的祕訣吧！

「用可愛來克服失敗
才是正確的」

無法表現出樂觀態度時應該怎麼辦？

雖然我曾經說過，就算是犯了錯，或者是不知道問題的答案，也要開朗地去面對，但如果「自己沒辦法表現出樂觀的態度」的話，又應該怎麼做才好呢？這個時候，請試著扮演前面提過的「職務上的自己」。

在剛進到公司的第一年，我在廠商社長的書架上看到有關蘭徹斯特策略（Lanchester's laws）的書，然後順口問了對方「這個蘭徹斯特是什麼」。聽到我提出這個問題的社長，用不可置信的口吻回「你連這個都不知道！現在的年輕人真的是。這是一本在講策略的書，你平常都沒在看書的喔！你們公司的人怎麼都那麼無知」。

在那個時候，我開朗地回應「蘭徹斯特嗎，我記下來了！下次去書店一定要買這一本蘭徹斯特策略來讀」。

然後在下一次跟社長見面時，有了「社長，蘭徹斯特策略我已經讀完了！」、「喔~那一本書嗎？你覺得如何？」、「……真的很難」、「你真的是不行耶」、「之後我會努力不被社會淘汰，還要請社長多多指教了」的對話。

這是「原來的自己」根本做不到的應對。

如果是原來的我，心裡可能會想「不需要那麼生氣吧……難道就一定要知道蘭徹斯特嗎？」然後開始焦慮「我怎麼連那種事情都不知道」。但要是從扮演的業務角色來思考的話，比起感到焦慮不安，回答對方「蘭徹斯特嗎，我記下來了！下次去書店買」當然會比較好。

即使是原本的自己辦不到的事情，只要將角色換成了職務上的自己，相信就能演繹出一個能「開朗積極應對」的業務角色了。

請扮演那個開朗的「職務上的自己」。

消除上門推銷、電話推銷時的緊張

不論是親自登門拜訪還是利用電話來推銷業務，都會需要突然去拜訪或是打電話給完全不認識的人，所以應該會因為「不知道要說什麼」而感到害怕跟緊張吧！

要不要試著去想，推銷沒有犯法，也不會對其他人造成困擾，所以不是會「被殺得片甲不留」的壞事，這樣是不是能讓你稍微放鬆，覺得「應該可以試試登門推銷」、「或許可以嘗試」呢？要是能這樣想的話，推銷時就不會感到緊張了吧！

業務遇到在玄關的地方掛了「拒絕推銷」牌子或貼了貼紙的住家，應該鼓起勇氣去敲門嗎？這個問題確實困擾了許多人。一般來說，非常有可能碰到對方怒氣沖沖地問「你應該看得懂字吧，知道這句話的意思嗎」，所以通常不會有人想去碰這種釘子。

但不是因為要去「推銷」而只是去「打招呼」的話，應該怎麼做呢？因為不是去賣東西，應該就不會被拒絕。所以，請大大方方地去拜訪吧！而且其他的業務員應該是不會來的，因此就算只能聊個天也比其他業務員更有機會。對業務來說，只要可以跟客戶講到話就超級幸運了！

因為有這種想法，所以我連那些「拒絕推銷」的家庭都會去登門推銷，而這是「原本的自己」絕對做不到的。因為在業務工作上我扮演「職務上的自己」所以才辦得到，而且正因為理解工作的意義，才能驅使自己採取行動。

我曾做過徵人廣告的業務工作，曾經想過要是自己不去登門推銷的話，誰會感到困擾呢？

要是沒有去登門推銷的話，就蒐集不到想要刊登徵人廣告客戶的資料。而這對想在此地區找工作的人會很困擾吧！就像一九二〇年代的美國電影那樣，舉著「請讓我工作」告示牌的人，必須到每一個店家詢問「請問有工作嗎」的情景不斷在我腦海中出現。

換句話說，這一份工作就是要代替求職者尋找工作職缺。因此在我身後有著希望找到工作的人們的期待時，我反而會因為有這個想法，經常會糾結是不是要再多跑一家？或還是就算了？

如果是「原本的自己」大概會覺得「都已經做到這樣了，應該差不多了」而停止繼續登門推銷。但是站在業務的立場，想到身後那些滿心期待的人們就……。

應該就會有「假如再多跑一家可以拿到廣告的話，說不定就會有人因為這樣而去那家公司工作。反正試試也不會吃虧，再多拜訪一家好了。雖然表明了『拒絕推銷』，但我只是去打個招呼而已，應該不犯法吧……。好，就去試試吧」的想法吧！

當你因為害怕而不敢採取行動時，不妨想一下自己工作的意義。在你工作的背後，有許多人滿懷著希望在等待。一想到這裡，或許你就有勇氣踏出這一步。

「在你背後，
有許多人滿懷著期待。」

讓對方願意開口說話的「三個問句」

跑業務的時候，要跟從未見過面的人碰面會很緊張的，對吧！但對客戶來說，比起緊張他們會更容易產生警戒，所以，消除客戶的警戒心是很重要的。

先要消除對方的警戒心，讓他放心覺得「這個人沒有問題」。接下來，就要讓對方有「談得來」、「跟這個人很有默契」的感覺，然後認為「這個人可以信任」。最後自然會產生「他是站在我這一邊的」的信賴感。這個過程是很重要的。

成功解除對方的警戒心之後，就可以再進入下一個步驟，製造一個讓對方安心，容易溝通的狀態。

為了達到此目的，最需要的就是做好「聆聽者」的角色。在開口講關於自己的事情之前，請注意一定要先「聽對方說話」。

有助於讓對方願意開口說話的方法，就是「擴大問題」，也就是提出讓對方能自在地談到自己想法及背景的問題，在聆聽對方說話的同時，慢慢地將話題擴散出去。這個時候可以善加運用「三個問句」。

「為什麼？」、「什麼樣的？」、「怎麼樣？」

利用這三個關鍵問題，讓對方自在地將自己的想法跟背景說出來。

「為什麼會那樣想呢？」

「什麼樣的理由呢？」

「今後要變成怎麼樣是最好的呢？」

這樣的問題可以帶來兩種成效。一個是能知道對方真正的想法，另外一個則是藉由提問讓對方可以去思考。如果是不太方便提出的問題，可以加上像是：

「如果你不介意我問的話」

「以學習者的立場想要請教」

「如果有可能的話」

這個時候，有一個地方希望能夠注意。那就是不要使用「為何」。因為聽起來會有點強勢，會讓人產生一種「被侵犯」的感覺。

不是「為何沒有想過」，而是「為什麼沒有想過呢」，這是一個比較有智慧的提問方法。

然後，也避免用「為何會那樣想呢」，而是要用「為什麼是那樣想的呢」來提問。

只要製造出一個會讓人想開口的氣氛，那麼對方在告訴我們真正想法的時候，也會慢慢地信任我們，最後就會變成對方值得信賴的夥伴了。如果能獲得對方的信賴，那麼應該就會願意聽我們講有關工作的事，合約也會比較容易拿到了。

活用「為什麼」、「什麼樣的」、「怎麼樣」這三個關鍵問句。

重複對方的話，並認同他的感情

為了縮短跟對方的距離，扮演聆聽者是最好的，但另外也可以使用這樣的技巧，那就是同意「重複」及「感情」。

譬如，後輩來找你商量。

後輩：「我不想跟T一起工作」

這個時候，請重複對方說的話。

自己：「不想跟T一起工作喔，是發生了什麼事嗎？」

後輩：「都提醒了他好幾次，不過還是超過了交貨期限。這已經是第二次了」

自己：「這樣子喔，已經第二次了……」

即便自己心裡想的是「什麼？才兩次而已」。但也請一邊重複「這樣子喔，已經兩次了」，一邊想像後輩是怎麼想的。很明顯的，後輩感到很憤怒，然後請你認同他的感情。

自己：「這樣真的會讓你討厭」（我並不覺得有什麼，但你卻覺得討厭）。

這邊是指察覺到對方的感情跟心情，然後把它說出來而已。像是用「那真的會很開心」、「真的好不容易要解脫了呢」、「會感到寂寞吧」、「應該很令人傷心」、「很難受對吧」、「應該會感到不安吧」，把符合對方現在想法的詞彙說出來。

這個時候希望能夠注意的是，不要夾帶自己的意見。以前面的案例來說，千萬不要說「蛤，才第二次而已，再多等一下不就好了」。而且也不要「先入為主的提問」。像是「那是不是因為〇〇呢」、「應該是△△對吧」等，帶著預設立場來提問，相當地不恰當！

重複對方說的話，認同對方的感情，讓雙方能夠更為瞭解彼此。

「試著將對方的想法
輕聲說出來」

被迫處於不合理狀況時可以這麼做

主管在我獨當一面之後對我說：

「伊庭，你當時也因為人事異動而吃了許多苦。雖然那不合道理，卻不是不講理。」

所謂的不講理，是指不應該要有的荒唐事。譬如，「這個請半價賣給我」或是「這份資料請熬夜完成」等事情。如果是不講理的事情就果斷拒絕，沒有關係的！

而另一方面，所謂的不合理是，雖然沒有人覺得那是應該的，但是卻不得不去達成的事情。

有時候，即使不是我的業務範圍，但還是要幫公司去做收尾的工作。

雖然會覺得「為什麼是我」而心有不平，但這個工作總要有人來做才行。周遭的人應該也會跟我有同樣的想法，在這種處境中，我只好認命去做了，真的是非常不合理。果然在這種情況之下，晚上根本睡不著，感到無法呼吸。我想這都是因為壓力所造成的。

這個時候應該怎麼辦才好呢？

我認為，不合理就是要「徹底做好自己的工作」。要跟「無可奈何」做切割，默默地努力完成應該是最好的辦法吧！內心想著「如果能徹底做好自己份內的工作，前途必定是無可限量的」，然後繼續地努力。其實，我也是因為這樣想才能夠克服的。

出了社會之後，會遇到許多不合理的事情。這個時候只要心裡想著「世上總會有一些無可奈何的事」，然後做好自己的角色就可以了。

不合理的事情絕不會跟著你一輩子的，而且就像前面說過的，如果主管會發現人事異動的不公平，那其他人應該也會發現才是。所以默默地，將工作與覺得不公的心情做切割，這不失為是一個好方法。

「徹底做好自己份內的事，
前途必定是無可限量的。」

結語

感謝各位讀者閱讀這一本書，真的除了感謝之外還是感謝！

在這裡，還有一件事情希望各位可以去做。那就是任何事情都可以，請下定決心去「捨棄」它。

真正去實踐一件事情當然有它的意義，但如果只是讀完了這一本書就感到滿足，那未免也太可惜了吧！

假如你是一個會因為「那個也想要去做」、「這個也想要去做」而猶豫不決的人，請捨棄猶豫吧！你可以嘗試本書介紹的「If-then 方法」，做好「感到猶豫時，就要做○○」的決定。

如果想要得到成果，希望能夠變成有能力的人，那麼就要捨棄成為「方便的人」。不想要成為方便的人的話，把想說的話清楚告訴對方就很重要了。你可以試試「YES, IF……法」，這個作法不但不會讓對方心裡不舒服，還可以擺脫方便人的標籤。

要是不知道應該捨棄什麼，也可以去決定「要做什麼」，在做好決定要做的事情時，請試著尋找「不要做的事」、「應該捨棄的事」，最後是以「捨棄什麼」為目標。

多麼微不足道的事情都可以，踏出第一步才最重要！

就算是小小的一步，但眼前的風景肯定會有所改變的。

過去窒礙不前的境遇，就像幻影般消失不見，原本濃霧密布的天氣也突然放晴。我想應該會有人覺得頓時海闊天空了吧！

無論如何，眼前一片爽朗清新，心情當然也會變好。

希望本書能對各位有所助益！

二〇二三年五月吉日

伊庭正康

不懂得放手，你就等著累死自己

擺脫埋頭苦幹，終止任勞任怨，讓你擺脫盲目努力的社畜人生

作　　者　伊庭正康
譯　　者　張秀慧
發 行 人　林敬彬
主　　編　楊安瑜
編　　輯　林佳伶
封面設計　陳語萱
內頁編排　方皓承
行銷經理　林子揚
行銷企劃　徐巧靜
編輯協力　陳于雯、高家宏
出　　版　大都會文化事業有限公司
發　　行　大都會文化事業有限公司
11051台北市信義區基隆路一段432號4樓之9
讀者服務專線：(02)27235216
讀者服務傳真：(02)27235220
電子郵件信箱：metro@ms21.hinet.net
網　　址：www.metrobook.com.tw
郵政劃撥　14050529 大都會文化事業有限公司
出版日期　2024年11月 初版一刷
定　　價　350元
ISBN　978-626-98487-6-8
書　　號　Success-103

國家圖書館出版品預行編目（CIP）資料

不懂得放手, 你就等著累死自己/伊庭正康著；張秀慧 譯
-- 臺北市: 大都會文化事業有限公司, 2024.11；
240面；14.8×21公分. (Success-103)
譯自：それ、捨ててみよう　しんどい自分を変える「手放す」仕事術

ISBN 978-626-98487-6-8(平裝)
1. 自我實現 2. 生活指導 3. 職場成功法
494.35　　113012127

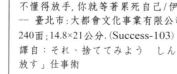